AF403291

NOTIONS

D'ASTRONOMIE

PAR

Eugène CATALAN

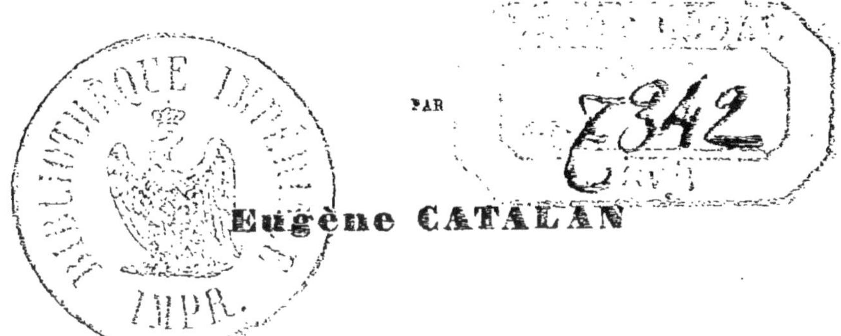

TROISIÈME ÉDITION

PARIS

LIBRAIRIE HACHETTE

18, RUE DE SEINE-SAINT-GERMAIN, 18

NOTIONS D'ASTRONOMIE

CHAPITRE Ier

DU MOUVEMENT DIURNE ET DES CONSTELLATIONS.

Aspect général du ciel. — Lever et coucher des étoiles.

1. Supposons qu'un observateur soit placé, quelques instants après le *coucher du Soleil*, dans un lieu découvert et élevé : un spectacle majestueux et varié s'offrira à ses regards. Des *étoiles*, restées invisibles pendant le jour, parce que leur lumière disparaissait devant celle du Soleil (1), apparaîtront successivement. Leur nombre augmentera bientôt, en même temps que leur éclat, et enfin elles illumineront tout le *ciel*.

(1) La *lumière diffuse* provenant du Soleil agit sur la rétine beaucoup plus fortement que la lumière des étoiles : on ne peut donc être averti de la présence de celles-ci sur l'horizon. Mais si, par un moyen quelconque, l'on se garantit d'une notable partie de la lumière diffuse ; si, par exemple, on emploie une lunette, ou si encore on se place au fond d'un puits, la lumière stellaire deviendra prépondérante, et l'on apercevra des étoiles qui étaient d'abord invisibles.

S'il poursuit son examen, le spectateur reconnaîtra que ces *astres*, tout en gardant leurs positions relatives, ne sont pas fixes dans le ciel, et que leurs mouvements sont analogues à celui du Soleil.

Admettons que l'observateur tourne le dos à la partie du ciel où se trouve le Soleil vers le milieu de la journée : s'il regarde à sa droite, il pourra voir, à chaque instant, de nouvelles étoiles surgir au-dessus de l'*horizon*, ou se *lever*. S'il en suit quelques-unes des yeux, il les verra monter dans le ciel en s'avançant vers le *sud* ; interrompre leur marche ascendante quand elles seront parvenues à une certaine hauteur; descendre vers la gauche; et enfin se *coucher*, c'est-à-dire passer au dessous de l'horizon.

Étoile polaire.

2. Toutes les étoiles n'ont pas, comme celles que nous venons de considérer, un *lever* et un *coucher* : il en est qui restent toujours au dessus de l'horizon. Parmi celles-ci, les unes paraissent décrire une circonférence qui rase la surface de la Terre, et les autres semblent se mouvoir sur des circonférences de plus en plus petites, en se rapprochant d'une dernière étoile, à peu près immobile, à laquelle on a donné le nom d'*étoile polaire* (1).

(1) Les marins l'appellent *Tramontane*. De là, l'expression proverbiale : *Perdre la tramontane.*

Axe du monde.

3. De ce premier aperçu, il résulte que le ciel paraît tourner, tout d'une pièce, autour d'une droite fixe, appelée *axe du monde*, passant par le lieu de l'observation et par un point fixe, voisin de l'étoile polaire. Si certaines étoiles se lèvent et se couchent, c'est parce qu'une partie seulement de la circonférence décrite par chacune d'elles est au dessus de l'horizon : l'autre partie est au dessous. On s'assure de ce fait au moyen d'observations *simultanées* : telle étoile, déjà *couchée* à Paris, est visible au même instant sur l'horizon de Brest, et n'est pas encore *levée* pour un observateur placé à New-York.

Distances angulaires des étoiles.

4. Dans leur mouvement autour de l'axe du monde, *les étoiles conservent leurs positions relatives* (1). En d'autres termes : *l'angle formé par les rayons visuels dirigés vers deux étoiles quelconques est invariable.* Cet angle est ce qu'on appelle la *distance angulaire* des deux astres.

Pour vérifier, d'une manière assez grossière, il est vrai, cette invariabilité, on assujettit deux baguettes rectilignes, de telle sorte qu'elles forment un angle constant, et, qu'à un moment donné, le *sommet* étant près de l'œil, les *côtés de l'angle* soient dirigés vers deux étoiles remarquables. Au bout d'une heure, de deux heures, de trois heures, etc., les côtés de l'angle peuvent

(1) Pour cette raison, les étoiles étaient souvent appelées, autrefois, les *fixes*.

encore coïncider avec les rayons visuels dirigés vers les deux étoiles; donc la distance angulaire de celles-ci n'a pas changé (1).

Sphère céleste. — Pôles.

5. Le mouvement qui nous occupe est appelé *mouvement diurne*. Il sera rendu plus sensible si l'on se représente les étoiles comme *attachées* à la surface d'une immense sphère creuse, appelée *sphère céleste* ou *voûte céleste* (2), dont le centre serait au lieu de l'observation, et qui tournerait, d'*orient* en *occident*, autour de l'axe du monde. Les points où cet axe perce la sphère céleste sont les *pôles* de celle-ci. L'un, visible à Paris, est le *pôle nord*, *boréal* ou *arctique* (3); l'autre est le *pôle sud*, *austral* ou *antarctique* (4).

(1) Cette expérience pourrait être en défaut, à cause des *réfractions*, si l'on considérait deux étoiles fort éloignées du pôle.

(2) A proprement parler, la *voûte céleste* est l'*hémisphère céleste* situé au-dessus de l'horizon.

(3) *Arctique* vient du mot ἄρκτος, qui signifie *Ourse*.

(4) Tout le monde sait aujourd'hui que la *sphère céleste*, l'*axe du monde*, les *pôles* sont de pures abstractions, destinées seulement à peindre, avec netteté, des *mouvements apparents*. Il n'en était pas ainsi des anciens : ils croyaient *fermement* à l'existence de *cieux solides*, liés à un *axe solide*, *pourvu de pivots tournant dans des crapaudines fixes*. Témoin ce passage de Vitruve : « Le ciel est ce qui tourne incessamment autour de la terre et de la mer sur un essieu, dont les extrémités sont comme deux pivots qui le soutiennent; car, en ces deux endroits, la puissance qui gouverne la nature a fabriqué et mis ces pivots comme deux centres, dont l'un va de la terre et de la mer se rendre au haut du monde, auprès des étoi-

Étoiles circompolaires. — Cercles de perpétuelle apparition et de perpétuelle occultation.

6. Nous avons vu que certaines étoiles sont toujours sur l'horizon de l'observateur ; elles sont dites : *étoiles circompolaires*. Le cercle de *perpétuelle apparition* limite la partie du ciel où elles sont situées : il les sépare des étoiles qui ont un lever et un coucher. De même, le cercle de *perpétuelle occultation* est celui au delà duquel les étoiles sont toujours invisibles. Ces deux cercles ne sont pas fixes dans le ciel : ils se déplacent quand l'observateur s'avance vers le *nord* ou vers le *sud*.

Étoiles de diverses grandeurs. — Combien on en voit à l'œil nu.

7. Les étoiles ne sont pas toutes également brillantes. Celles dont l'éclat est le plus vif sont dites *primaires* ou de *première grandeur*. Viennent ensuite les étoiles de deuxième grandeur, de troisième grandeur, etc. Passé la sixième grandeur, elles ne sont plus *visibles à l'œil nu*. On conçoit que ces classifications sont assez arbitraires, et qu'une même étoile peut être de première grandeur pour un astronome, et de deuxième grandeur pour un autre. On compte environ quatre mille étoiles visibles à l'œil nu,

les du septentrion ; l'autre est à l'opposite, sous terre, vers le midi ; et autour de ces pivots, comme autour de deux centres, elle a mis de petits moyeux pareils à ceux d'une roue ou d'un tour, sur lesquels le ciel tourne continuellement. » (Arago, *Astronomie populaire*.)

parmi lesquelles vingt sont de première grandeur ; on a donné à ces dernières les noms suivants :

Sirius,	ou	α du *Grand Chien ;*
Canopus,	ou	α du *Navire Argo* (invisible à Paris) ;
		α du *Centaure* (invisible à Paris) ;
		β du *Centaure* (invisible à Paris) ;
Arcturus,	ou	α du *Bouvier ;*
Béteigeuze,	ou	l'*Épaule droite d'Orion ;*
Rigel,	ou	le *Pied gauche d'Orion ;*
La *Chèvre,*	ou	α du *Cocher ;*
Wéga,	ou	α de la *Lyre ;*
Procyon,	ou	α du *Petit Chien ;*
Achernar,	ou	α de l'*Eridan* (invisible à Paris) ;
Aldebaran,	ou	l'*Œil du Taureau ;*
		α de la *Croix du Sud* (invisible à Paris) ;
		β de la *Croix du Sud* (invisible à Paris) ;
Antarès,	ou	le *Cœur du Scorpion ;*
Ataïr,	ou	α de l'*Aigle ;*
L'*Epi de la Vierge ;*		
Régulus,	ou	le *Cœur du Lion ;*
Fomalhaut,	ou	α du *Poisson austral ;*
Castor,	ou	α des *Gémeaux.*

Classification des étoiles. — Constellations.

8. Les étoiles sont si nombreuses, qu'il aurait été impossible de donner un nom à chacune

d'elles. On les a donc réunies, par la pensée, en groupes nommés *constellations*, auxquels on a attribué des dénominations empruntées à la mythologie, à l'histoire, à la science, etc. Ensuite, pour distinguer les étoiles d'une même constellation, on les désigne, suivant leur grandeur, soit par des numéros d'ordre, soit par des lettres grecques. Nous avons à peine besoin de dire que les constellations n'ont généralement aucun rapport de forme avec les animaux ou les objets dont elles portent les noms.

Description des principales constellations (1).

9. *La Grande Ourse.* — L'observateur étant toujours tourné vers le *nord*, il verra d'abord une constellation appelée la *Grande Ourse*, composée de sept étoiles α, β, γ, δ, ε, ζ, η, de seconde grandeur (excepté δ qui est tertiaire).

Les quatre premières sont disposées en trapèze ; les trois autres, qui forment la *queue*, sont à peu près sur le prolongement de la diagonale $\beta\delta$. Enfin, α et β sont les *gardes.*

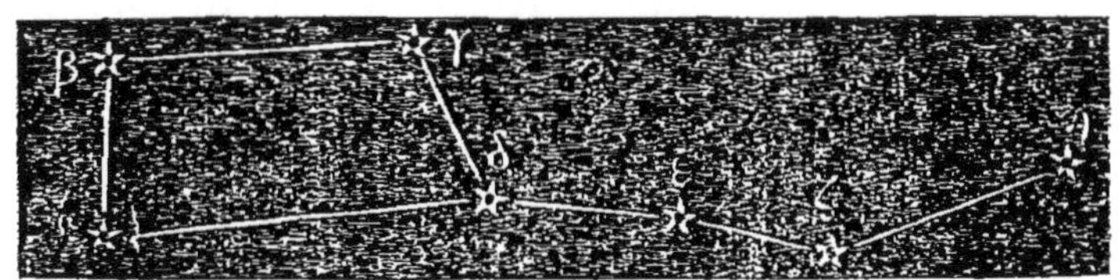

Cette constellation, aussi bien que les trois suivantes, ne se couche jamais à Paris.

(1) Nous indiquons, dans ce paragraphe, de quelle manière on peut apprendre à reconnaître aisément les **principales constellations visibles à Paris.**

10. *La Petite Ourse.* — Si l'observateur tend un fil qui lui cache les *gardes*, et qu'il le prolonge suffisamment, la direction du fil (1) rencontrera l'*Étoile polaire* ou la *Tramontane*, laquelle est, en même temps, α de la *Petite Ourse*. Cette constellation se compose, comme la précédente, de sept étoiles, affectant la même figure, mais avec moins d'éclat, sous des dimensions moindres et dans une position inverse.

11. *Cassiopée.* — Une droite menée de δ de la Grande Ourse à la Polaire, et prolongée d'une longueur à peu près égale à la sienne, aboutit à l'une des extrémités de l'Y brisé formé par les cinq étoiles tertiaires qui constituent *Cassiopée.*

12. *Céphée.* — Cette constellation se compose de trois étoiles tertiaires, formant un arc dont l'extrémité γ est presque au milieu de la droite passant par δ de la Petite Ourse et par β de Cassiopée.

13. *Pégase, Andromède, Persée.* — Les étoiles principales de ces trois constellations sont secondaires et au nombre de sept ; elles sont disposées, à fort peu près, comme celles qui composent la Grande Ourse. En outre, la droite menée par les gardes et prolongée au delà de Cassiopée, passe par α et β de *Pégase ;* en sorte qu'il est facile de trouver cette dernière constellation. Ajoutons que, relativement à notre observateur, γ d'*Andromède* est sur le cercle de *perpétuelle*

(1) Ou, plus exactement, le plan passant par l'œil de l'observateur et par le fil.

apparition, et que α de *Persée* passe, une fois chaque nuit, par la verticale.

14. *Le Dragon*. — Cette constellation, toujours située sur l'horizon de Paris, est formée d'un grand nombre d'étoiles secondaires, tertiaires, etc., lesquelles, partant de l'espace compris entre la Grande Ourse et la Petite Ourse, tournent autour de celle-ci, se rapprochent de Céphée, s'éloignent ensuite de cette constellation, et se terminent par quatre étoiles de troisième grandeur, qui forment la tête du *Dragon*.

15. *Le Cocher*. — En menant une droite par β du Dragon et par la Polaire, on rencontre trois belles étoiles appartenant au *Cocher*. De ces étoiles, deux sont secondaires; la troisième, appelée la *Chèvre*, est de première grandeur.

16. *Le Bouvier*. — En prolongeant à peu près en ligne droite, et au-dessus du cercle de perpétuelle apparition, la queue de la Grande Ourse, on rencontre *Arcturus*, étoile de première grandeur, appartenant à la constellation du *Bouvier*. Celle-ci contient, en outre, quatre étoiles tertiaires.

17. *La Lyre*. — Non loin de la tête du Dragon, et un peu au-dessous du cercle de perpétuelle apparition, se trouve *Wéga*, étoile de première grandeur. Avec trois tertiaires, elle forme le groupe appelé la *Lyre*. Wéga est le sommet de l'angle droit d'un triangle dont la Polaire et Arcturus sont les deux autres sommets.

18. *Le Cygne* ou *la Croix*. — Entre la Lyre et Pégase, mais plus près de la Lyre, se trouve le *Cygne*, constellation composée de cinq étoiles

ayant à peu près la disposition d'une croix latine. L'étoile placée à l'extrémité supérieure de la croix est de seconde grandeur ; les autres sont tertiaires.

19. *L'Aigle.* — Une droite menée de la Polaire à δ du Cygne vient passer au milieu de l'*Aigle*, formé de plusieurs tertiaires et d'une primaire, nommée *Ataïr*.

20. *Orion.* — Cette constellation, l'une des plus remarquables du ciel, a la forme d'un grand trapèze dont un des côtés est sur le prolongement de la droite qui joint la Polaire à la Chèvre. Des deux extrémités de ce côté, la plus éloignée du pôle est *Rigel*, ou le *Pied gauche d'Orion*, étoile de première grandeur ; l'autre est secondaire. Le sommet opposé à Rigel est également une primaire, nommée *Béteigeuze* ou l'*Epaule droite d'Orion*. Le dernier sommet est de deuxième grandeur.

Au milieu du quadrilatère sont trois étoiles secondaires, équidistantes, disposées sur une même droite, et que l'on appelle le *Baudrier d'Orion.*

21. *Le Grand Chien.* — Presque à l'intersection de la diagonale βδ de la Grande Ourse avec la ligne du Baudrier d'Orion, est situé *Sirius*, l'étoile la plus brillante du ciel. Elle appartient à la constellation du *Grand Chien,* qui contient encore six étoiles secondaires.

22. *Le Petit Chien.* — La diagonale dont nous venons de parler passe très près de *Procyon*, étoile primaire, qui fait partie du *Petit Chien.* Cette constellation renferme, en outre, une étoile de deuxième grandeur.

23. *Le Taureau*, *les Pléiades*, *les Hyades*.
— La ligne du Baudrier d'Orion, prolongée en
sens contraire de Sirius, rencontre une petite
constellation formée de six étoiles : ce sont les
Pléiades, sur le *dos du Taureau*. Une étoile rougeâtre, de première grandeur, est l'*Œil du
Taureau*, ou *Aldebaran*. Elle termine l'une des
branches d'un V formé de cinq étoiles très visibles, situées sur le *front* du Taureau, et appelées
les *Hyades*.

24. *La Vierge*. — A peu près sur le prolongement de la diagonale αγ de la Grande Ourse,
et à l'opposite de Persée, se trouve la *Vierge*,
constellation remarquable par une étoile de première grandeur, nommée l'*Epi*.

25. *Les Gémeaux*. — Au milieu de l'espace
compris entre la Grande Ourse et le Grand
Chien, on rencontre deux étoiles appartenant à
la constellation des *Gémeaux*. L'une, de première grandeur, est *Castor;* l'autre, secondaire,
est *Pollux*.

26. *Le Lion*. — La ligne des gardes de la
Grande Ourse, prolongée en sens contraire de la
Polaire, rencontre *Régulus*, étoile de première
grandeur, qui fait partie du *Lion*. Cette constellation, complétée par trois secondaires, une tertiaire, etc., a la forme d'un trapèze.

27. *Le Scorpion*. — Enfin, la droite menée
d'Aldebaran à la Polaire, et prolongée jusque près
de l'horizon, rencontre *Antarès*, ou le *Cœur du
Scorpion*. Cette étoile s'élève fort peu sur l'horizon de Paris. Il en est de même, à plus forte rai-

son, pour *Fomalhaut*, qui appartient au *Poisson austral* (1).

CHAPITRE II

DÉTERMINATION EXACTE DES POSITIONS DES ÉTOILES.— LOIS DU MOUVEMENT DIURNE.

Planisphères. — Globes célestes.

28. Ayant appris à reconnaître les étoiles principales, on doit chercher à déterminer exactement les positions que ces astres occupent dans le ciel, afin de pouvoir les représenter, soit par des dessins appelés *planisphères*, soit, ce qui est préférable, sur des sphères de bois ou de carton, auxquelles on donne le nom de *globes célestes*. Cette détermination, dont le but principal est la connaissance des lois du mouvement diurne, exige l'emploi de quelques instruments que nous ferons connaître dans ce chapitre, après avoir, toutefois, donné un certain nombre de définitions et d'explications préliminaires.

Quelques définitions.

29. *Verticale.* — La *verticale* d'un lieu est la

(1) « Aldebaran du Taureau, Antarès du Scorpion, Régulus du Lion et Fomalhaut du Poisson austral, partagent le ciel en quatre parties presque égales. Ces quatre étoiles, très brillantes et très remarquables, appelées aussi *Etoiles royales*, étaient sans doute les quatre gardiens du ciel des Perses, 3000 ans avant J.-C. » (Arago, *Astronomie populaire*.)

direction que suit, en tombant vers la Terre, un corps abandonné librement à lui-même. Elle est indiquée par la direction d'un fil dont l'une des extrémités est fixe, tandis que l'autre supporte un petit poids. Cet appareil est appelé *fil à plomb*. La verticale d'un lieu est constamment *normale* (1) à la surface des eaux tranquilles.

30. *Zénith, nadir.* — Le point où la verticale, prolongée de bas en haut, rencontre la voûte céleste, est le *zénith* du lieu de l'observation : c'est le point placé directement au-dessus de la tête de l'observateur. Si l'on conçoit la verticale prolongée au-dessous de la Terre, elle rencontre de nouveau la sphère céleste en un second point appelé *nadir*.

31. *Horizon.* — C'est le plan passant par le lieu de l'observation, perpendiculairement à la verticale. Si l'on conçoit un grand cercle de carton, suspendu par un fil passant en son centre, de manière à *ne pencher d'aucun côté* (2), la surface du cercle, supposée indéfiniment prolongée, sera l'horizon du lieu.

32. *Méridien.* — Le *plan méridien* d'un lieu est celui qui passe par l'axe du monde et par la verticale du lieu. L'observation démontre que

(1) La *normale à une surface* est, à l'égard de cette surface, ce qu'est la *perpendiculaire à un plan* relativement à ce plan.

(2) A parler rigoureusement, cette définition renferme un cercle vicieux, puisque *ne pas pencher* signifie habituellement *être horizontal*. Néanmoins, j'espère que la comparaison employée dans le texte ne laissera aucune obscurité dans l'esprit du lecteur.

*les points les plus élevés et les points les plus b
des circonférences décrites par toutes les étoil
sont situés dans ce plan (1).*

33. *Méridienne.* — On appelle *ligne mér
dienne*, ou simplement *méridienne*, l'intersecti
du plan méridien avec l'horizon (2).

34. *Points cardinaux.* — Si, dans le pl
horizontal passant par le lieu de l'observatio
on imagine la méridienne et sa perpendiculair
ces deux droites iront rencontrer la sphère c
leste aux quatre *points cardinaux*, désignés so
les noms de *nord, sud, ouest, est.* Pour l'obse
vateur placé comme nous l'avons supposé e
commençant (3), le nord est en face, l'ouest
gauche, etc.

Ces quatre directions sont encore appelées
septentrion, midi, occident ou *couchant, orie*
ou *levant.*

35. *Plans azimutaux.* — Que, par une étoi
quelconque et par la verticale, on imagine i
plan, il sera, au moment de l'observation,
plan azimutal de l'étoile; et son inclinaison s
le plan méridien, c'est-à-dire l'angle formé p
les *traces* des deux plans sur le plan d'horizo
sera l'*azimut* de l'étoile.

(1) On verra bientôt que cette propriété est u
conséquence nécessaire du mouvement apparent
la sphère céleste autour de l'axe du monde.

(2) La méridienne est indiquée par l'ombre q
projette, *à midi,* une tige rectiligne placée vertic
lement. (Voir plus loin)

(3) Et comme on le suppose ordinairement dans l
cartes géographiques.

36. *Hauteur.* — La *hauteur* d'une étoile est l'angle formé avec l'horizon par le rayon visuel dirigé vers cette étoile : c'est l'angle que fait le rayon avec la trace du plan azimutal sur le plan d'horizon.

Détermination du méridien.

37. Supposons l'observateur placé au haut d'une tour limitée par une plate-forme sur laquelle on ait pu tracer une circonférence ABC. Il suffit, pour réaliser cette hypothèse, d'élever, suivant l'axe de la tour, une tige verticale dont la pointe O soit située dans le plan de la plate-forme, et d'attacher en ce centre l'extrémité

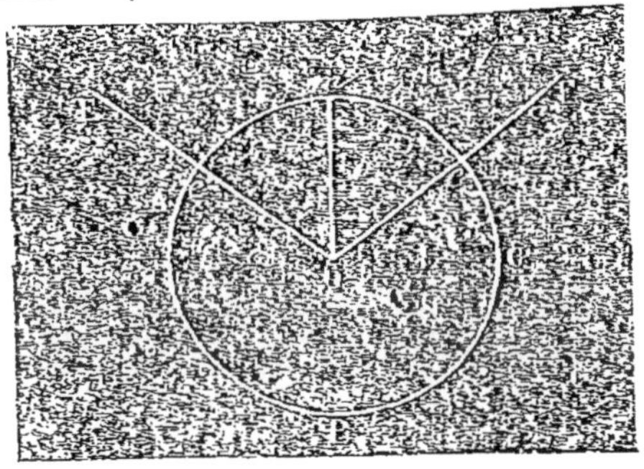

d'un cordeau, etc. Si l'observateur a l'œil placé en O, il pourra marquer un trait (1) *e* sur la circonférence , à l'instant où une é-toile lui apparaîtra dans la direction O*e*E; ce moment est celui du *lever* de l'astre. De même, quand l'étoile se couchera suivant OE′, il marquera le point *e′*, où cette direction rencontre la circon-férence. Par un simple tâtonnement (2), on peut déterminer le milieu *m* de l'arc *ee′*. Or, l'observation démontre que *le point* m *est inva-*

(1) Ou faire marquer par un aide.

(2) Ou par une construction géométrique très simple.

2

riable sur la circonférence ABC, quelle que soit l'étoile considérée. Si, avec une lunette dont l'axe passerait constamment par le point O, on suit une étoile dans son cours, on reconnaît que l'inclinaison de l'axe sur l'horizon est le plus grande possible, quand l'étoile est dans le plan vertical passant par Om. Autrement dit, le plan Om est celui dans lequel l'étoile atteint sa plus grande hauteur. Enfin, d'autres observations, dont nous parlerons bientôt, prouvent que l'*axe du monde* est situé dans ce même plan vertical Om. D'après la définition donnée ci-dessus (**32**), le plan Om est le méridien du lieu, et la droite Om est la méridienne.

Détermination des hauteurs et des azimuts.

38. Pour mesurer à chaque instant la hauteur et l'azimut d'une étoile, on peut employer le *théodolite*. Cet instrument se compose, essentiellement, d'une lunette LL′ qui se meut sur un *limbe* (1) vertical ABA′B′, tandis que celui-ci tourne autour d'un axe vertical CB, passant par le centre C d'un limbe horizontal fixe DED′E′. Si la lunette est dirigée vers une étoile e, l'angle L′OA′, formé par l'axe LL′ et par l'*horizontale* AA′, est la hauteur de l'as-

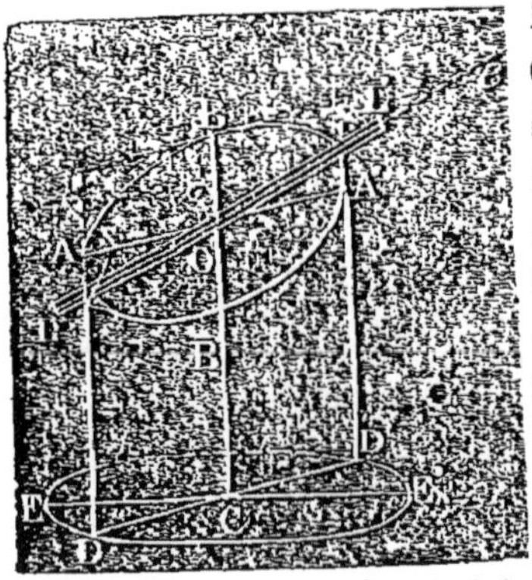

(1) C'est-à-dire, sur un cercle divisé en degrés ou demi-degrés.

tre (**36**), et l'angle D′C.E′, que fait la trace D.D′ avec la méridienne E.E′, en est l'azimut (**35**).

Lois du mouvement diurne.

39. Par ce qui précède, nous avons acquis une idée générale du mouvement diurne du ciel; nous avons déterminé la situation du méridien, etc. Il s'agit maintenant d'étudier, d'une manière plus précise, les lois en vertu desquelles les étoiles semblent se mouvoir.

Pour cela, soit d'abord une sphère O, de bois 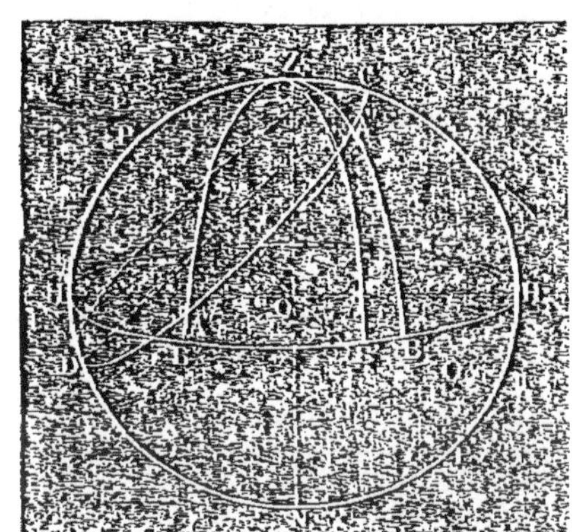 ou de carton, sur laquelle nous tracerons un grand cercle HBH′, qui nous représentera *l'intersection de la sphère céleste avec l'horizon.* Soient Z, N les pôles de HH′ : ces deux points figurent le *zénith* et le *nadir.* Enfin, supposons que le grand cercle vertical ZHNH′ représente le méridien du lieu de l'observation. Si l'on observe une étoile en différents points de son parcours, on pourra prendre, sur le cercle d'horizon HH′, les arcs HB, HB′, HB″, ... égaux aux azimuts mesurés. Plaçant ensuite les arcs de grands cercles ZB, ZB′, ZB″, ... et prenant sur chacun d'eux les distances BA, B′A′, B″A″, ... égales aux hauteurs mesurées, on obtiendra les points A, A′, A″, ... qui seront, relativement à un observateur placé au centre O, les *perspectives* des positions successivement occupées par l'étoile. Si l'on joint tous ces points par un trait continu, on obtiendra la courbe CÁ A'A''D, route apparente de l'étoile. Or, d'après les observations les plus exactes : 1° *la courbe C D est une circonférence dont le plan est perpendiculaire au plan méridien ; 2° tous les cercles, tels que C D, ont leurs plans parallèles entre eux ; 3° les pôles P, P' de ces cercles sont situés aux extrémités d'un même diamètre du méridien* HZH'N (1).

40. Puisque toutes les étoiles décrivent, autour de l'axe PP', des circonférences telles que CD ; puisque, d'un autre côté, *les positions relatives des étoiles sont invariables* (4), il en résulte, comme nous l'avons dit en commençant, que *le ciel paraît tourner tout d'une pièce autour de l'axe du monde.* Pour découvrir comment a lieu cette rotation, imaginons qu'une lunette LL' soit disposée de manière à faire un angle constant POL' avec un axe PP', parallèle à l'axe du monde. Supposons, en outre, qu'au moyen d'un mouvement d'horlogerie, on fasse tourner sur lui-même l'axe PP' avec une *vitesse constante* tellement réglée, qu'il effectue une rotation complète dans le temps compris entre deux passages consécutifs d'une étoile au même point du ciel. L'appa-

(1) Cette troisième loi est une conséquence des deux autres.

reil ainsi construit porte le nom d'*équatorial* (1).

Cela posé, si l'on dirige la lunette, à un instant quelconque, vers une étoile *e*, et qu'ensuite on abandonne l'appareil à lui-même, *l'étoile restera constamment dans l'axe optique de la lunette :* il semblera que *l'astre accompagne l'équatorial.* Il résulte évidemment, de cette expérience, que *le mouvement diurne du ciel est uniforme.*

41. *Jour sidéral.* — On donne ce nom à la durée de la rotation diurne du ciel, c'est-à-dire à *l'intervalle de temps compris entre deux passages supérieurs consécutifs d'une étoile au même méridien.* Depuis les plus anciennes observations, cette durée n'a pas changé. L'horloge qui règle le mouvement de l'équatorial est une *horloge sidérale.* Son pendule bat 86 400 oscillations en un jour *sidéral.*

42. *Plans horaires, cercles horaires.* — On nomme ainsi une suite de plans qui, passant tous par l'axe du monde, participent au mouvement général de la sphère céleste.

L'angle formé par deux plans horaires est ce que l'on appelle *l'angle horaire* de l'un d'eux, par rapport à l'autre : les angles horaires se comptent dans un sens contraire à celui du mouvement diurne.

(1) Dans les dernières années de sa vie, Arago fit construire, à l'Observatoire, un *dôme rotatif,* sous lequel il se proposait d'établir un magnifique équatorial, muni d'une excellente lunette de *Lerebours.* J'ignore si ces projets grandioses, dignes de l'homme illustre qui les avait conçus, ont été mis à exécution : après les actes de vandalisme récemment accomplis à l'Observatoire, il est permis d'en douter.

Chaque étoile a son cercle horaire, qui tourne avec elle et qui prend, par rapport au méridien, toutes les inclinaisons, de 0° à 360°.

D'après cela, si l'on imagine vingt-quatre demi-cercles horaires, équidistants, et dont le premier passe par un point déterminé du ciel, le *deuxième plan horaire*, c'est-à-dire celui dont *l'angle horaire* est de 15°, passera au méridien *une heure* après le premier plan horaire. De même, le *troisième plan horaire* passe au méridien une heure après le deuxième; et ainsi de suite.

On voit que les vingt-quatre demi-cercles horaires peuvent être comparés aux divisions d'un cadran mobile, dont le méridien serait l'aiguille.

Ascensions droites et déclinaisons. — Construction d'un globe céleste ou d'un catalogue d'étoiles.

43. *Équateur céleste.* — Par le centre O de la sphère céleste, imaginons un grand cercle EE', perpendiculaire à l'axe des pôles PP' : ce sera *l'équateur céleste.* Puisque les étoiles paraissent décrire des petits cercles perpendiculaires à PP', c'est-à-dire parallèles à l'équateur, nous pourrons nous servir

de celui-ci pour figurer, sur un globe céleste, la position d'une étoile A, plus commodément que nous ne l'avons fait ci-dessus (p. 19).

44. *Déclinaisons.* — En effet, par le point A et par l'axe du monde, faisons passer la demi-circonférence PAGP' : l'arc AG, compris entre le lieu de l'astre et l'équateur EE', ne change pas de grandeur, quand l'étoile décrit le petit cercle AA'D. Cet arc, qui détermine ainsi le cercle dans lequel se meut l'étoile, porte le nom de *déclinaison*. La déclinaison est dite *boréale* ou *australe*, suivant l'hémisphère où l'étoile est située.

45. *Ascensions droites.* — Il ne suffit pas, pour fixer la position d'une étoile dans le ciel, ou sur un globe céleste, de donner la déclinaison de l'étoile : car cet élément est le même pour tous les astres situés sur un même parallèle ; il faut encore que l'on donne l'inclinaison du grand cercle PAGP' sur un grand cercle PᵧP' supposé connu de position. Or, cette inclinaison a pour mesure l'arc ᵧG intercepté sur l'équateur par les plans de ces deux cercles. Ce second élément de la position de l'étoile porte le nom d'*ascension droite* (1).

L'*origine* des ascensions droites est un certain point ᵧ, connu sous le nom d'*équinoxe du printemps* ou *équinoxe vernal*. D'après les usages

____

(1) L'ascension droite et la déclinaison d'une étoile portent, simultanément, le nom de *coordonnées célestes*. D'après le n° 42, il est visible que les expressions : *ascension droite*, *angle horaire*, signifient la même chose. C'est là un assez grave inconvénient.

astronomiques, le jour sidéral commence au moment où le point équinoxial est dans le méridien. Si donc une étoile passe au méridien quand la pendule marque 1^h, 2^h,.... c'est que le grand cercle PAGP′, qui la contient, fait, avec le grand cercle PᵧP′, un angle de 15°, de 30°, etc. Il est donc naturel de dire que l'ascension droite de cette même étoile est égale à 15°, à 30°, etc. En d'autres termes : *les ascensions droites se comptent de 0 à 360°, en sens contraire du mouvement diurne apparent.*

46. *Construction d'un globe céleste.* — Si l'on connaît les ascensions droites et les déclinaisons d'un certain nombre d'étoiles, par exemple de celles qui composent une constellation, on pourra, comme nous venons de l'expliquer pour une étoile isolée, *rapporter* successivement sur un globe *les positions de tous ces astres :* on aura ainsi une perspective très exacte de la constellation (1).

47. *Catalogues d'étoiles.* — Au lieu de construire un *relief de la sphère céleste*, on peut se contenter de dresser une liste des étoiles connues, en inscrivant, à la suite du nom de chacune d'elles, son ascension droite et sa déclinaison. On a ainsi un *catalogue d'étoiles.* Le plus ancien catalogue connu est celui d'Hipparque (2) : il

(1) L'un des globes célestes les plus célèbres, sinon pour l'exactitude, du moins pour la grandeur, est celui de Coronelli, que l'on voit à la Bibliothèque nationale. Il a $3^m,90$ de diamètre.

(2) Hipparque (de Rhodes) vivait dans le second siècle avant notre ère.

renferme 1 026 étoiles. Les catalogues dressés par les astronomes contemporains donnent les positions de plus de 75 000 étoiles.

Détermination des coordonnées célestes.

48. Soit, comme précédemment (43) CAA'D le parallèle décrit par une étoile. La *déclinaison* CE *est* évidemment *le complément de la distance polaire* CP. Si donc la direction de l'axe du monde, ou, ce qui est équivalent, si la *hauteur* POH *du pôle* est bien connue, on pourra mesurer directement, soit la distance polaire de l'étoile, soit sa déclinaison. Il suffit, pour cela, d'employer un cercle divisé, assujéti solidement dans le plan méridien, et portant une lunette : cet appareil, qui est ordinairement scellé dans un mur, est appelé, pour cette raison, *cercle mural.* Au moyen de la lunette, on observe le *passage supérieur* de l'étoile, et on lit, sur le limbe gradué, la distance polaire.

Relativement aux ascensions droites, nous avons déjà dit que si une pendule, parfaitement réglée sur le jour sidéral, marque $0^h\ 0^m\ 0^s$ quand le point équinoxial passe au méridien, le temps qu'elle marquera lors du *passage supérieur* d'une étoile quelconque A sera l'ascension droite de l'étoile. Toute la difficulté se réduit donc à connaître l'instant précis où ce dernier phénomène a lieu. C'est à cette détermination que sont destinées la *pendule sidérale*, dont nous venons de parler, et la *lunette méridienne*, appelée aussi *instrument des passages.*

49. La lunette méridienne a deux *bras* repo-

sant, par des *tourillons*, sur des *coussinets*, lesquels sont encastrés dans deux massifs en pierre de taille, de sorte que l'aspect général de l'appareil est celui d'un canon monté sur son affût.

Cet instrument est muni d'un *réticule* placé dans le *plan focal* de l'*objectif* (1), et formé de 3, 5 ou 7 fils verticaux très fins, traversés par un fil horizontal (2). Quand l'image d'une étoile se confond avec l'intersection de celui-ci et du fil vertical central, ou, comme on le dit, avec la *croisée des fils*, c'est que le rayon lumineux passant par le centre de l'objectif est dirigé suivant la droite menée de ce centre à la croisée : cette droite, appelée *axe optique* de la lunette, doit toujours différer très peu de son axe de figure. Par des procédés dans l'explication desquels nous n'entrerons pas, on s'assure fréquemment : 1° que *l'axe de figure est perpendiculaire à l'axe de rotation* (3) ; 2° que *l'axe de rotation est horizontal* ; 3° que *le plan dans lequel se meut l'axe de figure, coïncide avec le plan méridien*. Nous

(1) L'*objectif* est la *lentille* tournée du côté de l'objet, c'est-à-dire du côté de l'étoile. Le *foyer de l'objectif* est le point où viennent *converger* les rayons lumineux, le point où se produit l'*image* de l'étoile. Enfin, le *plan focal de l'objectif* est mené par le foyer, perpendiculairement à l'axe de la lunette.

(2) Au moyen d'un procédé dû à Wollaston, on est parvenu à remplacer les fils d'araignée, que l'on employait autrefois, par des fils de platine ayant pour épaisseur seulement $\frac{1}{1200}$ *de millimètre!*

(3) La *mire de l'Observatoire de Paris*, qui sert à vérifier la première condition, est située près des fortifications, à côté du chemin de fer d'Orsay.

dirons cependant, relativement à la troisième vérification, que si le temps écoulé entre un *passage supérieur* et le *passage inférieur* suivant est rigoureusement égal à celui qu'emploie l'étoile pour revenir au nouveau passage supérieur, *l'axe de la lunette est dans le plan méridien.* La lunette méridienne constitue donc le moyen le plus parfait auquel on puisse recourir pour déterminer le méridien d'un lieu.

50. La lunette méridienne et la pendule sidérale sont, avec le cercle mural, les trois instruments sur lesquels repose l'astronomie moderne; ils tiennent lieu, jusqu'à un certain point, de l'équatorial et d'une foule d'anciens appareils, et nul observatoire ne saurait s'en passer.

Détermination exacte de la hauteur du pôle.

51. Nous venons de voir comment on détermine rigoureusement le méridien du lieu. Quant à *la hauteur du pôle, elle est égale à la demi-somme des hauteurs d'une même étoile,* observée à son passage supérieur et à son passage inférieur. Il est donc bien facile d'obtenir, avec une grande précision, cette *hauteur moyenne,* que toutes les étoiles serviront à vérifier.

A l'Observatoire de Paris, la hauteur du pôle est, à fort peu près, de 48° 50' 11",5 (1).

(1) *M. Laugier* a trouvé, pour cette hauteur :
48° 50' 11",19;

et *M. Mauvais :*
48° 50',11",85.

CHAPITRE III

DE LA TERRE.

—

Phénomènes qui indiquent la forme de la Terre.

52. *Variations dans l'aspect du ciel.* — Quand un observateur ne sort pas d'un lieu déterminé, il lui semble que la Terre est à peu près plane ou *plate;* qu'elle est terminée par une circonférence appelée horizon; que le ciel, qui s'appuie sur la Terre, a la forme d'une voûte surbaissée, etc. Mais, s'il voyage, il reconnaît bientôt que toutes ces apparences sont contraires à la réalité.

En effet, quand on s'avance vers le nord, le pôle s'élève au-dessus de l'horizon; certaines étoiles, qui avaient un lever et un coucher, deviennent circompolaires, de façon que le cercle de perpétuelle apparition s'éloigne du pôle. Ce dernier phénomène est évidemment inexplicable dans l'hypothèse d'une Terre *plate.*

Si, au lieu de s'avancer vers le nord, on marche dans la direction opposée, des phénomènes contraires se présentent : le pôle s'abaisse; le cercle de perpétuelle apparition diminue de plus en plus, etc. *Sous la ligne,* comme disent les marins, on voit le pôle à l'horizon, et, en même temps, on aperçoit le pôle austral, toujours invisible dans nos contrées. *La Terre est donc arrondie dans la direction du méridien.*

53. *Départs et retours des bâtiments.* — Il n'est pas besoin, du reste, de recourir à des observations astronomiques pour s'assurer que la Terre est arrondie, non-seulement du nord au sud, mais encore dans tous les sens. En effet, si un bâtiment s'éloigne de la côte, on aperçoit encore le sommet du mât après que le corps du navire a cessé d'être visible, même avec le secours des meilleures lunettes. Réciproquement, l'équipage d'un vaisseau qui s'approche de terre découvre d'abord les cimes des édifices, puis leurs parties inférieures, puis enfin le rivage. Ces deux phénomènes, qui se reproduisent à chaque instant, prouvent évidemment la convexité de la surface des mers; car si cette surface était plane, on verrait le corps du vaisseau avant le mât, et la masse des édifices avant les flèches, les belvédères, etc., qui les surmontent. D'ailleurs, la forme des continents est, à fort peu près, moulée sur celle des mers. Ce fait, devenu incontestable depuis qu'on a mesuré la Terre dans toutes les directions, comme nous le dirons bientôt, résulte aussi de la faible vitesse des eaux qui coulent à sa surface. *La Terre est donc arrondie dans tous les sens.*

54. *Voyage de circomnavigation.* — Les preuves que nous venons de rapporter sont connues, sinon de toute antiquité, du moins depuis que l'on a navigué loin des côtes. Il restait, pour démontrer d'une manière absolue la rondeur de la Terre, à effectuer un *voyage autour du monde.* C'est ce que le célèbre *Magellan* (1) entreprit le premier. Parti du petit port de *San-Lucar de Bara-*

______

(1) En portugais, *Magalhaens.*

meda, situé à l'embouchure du Guadalquivir, le 21 septembre 1519, il se dirigea vers le sud-ouest, et aborda, successivement, à Ténériffe, à Rio-de-Janeiro et au port de Saint-Julien, dans la Patagonie. Le 21 octobre 1520, il découvrit, à la pointe de l'Amérique méridionale, le détroit qui porte son nom; puis, remontant vers le nord-ouest, il traversa le grand Océan, et arriva aux îles Philippines, puis aux îles Mariannes, d'où il revint aux îles Philippines. C'est à Zébu, l'une de ces dernières, qu'il périt dans un combat, le 26 avril 1521. Un seul vaisseau et dix-huit hommes d'équipage, commandés par Sébastien del Cano, continuèrent leur route vers l'ouest, et rentrèrent à San-Lucar le 6 septembre 1522, comme s'ils fussent venus de l'orient.

Immense éloignement des étoiles. — Isolement de la Terre.

55. Nous avons indiqué, tout à l'heure, les différents aspects sous lesquels on voit le ciel, quand on voyage le long d'un méridien. Ce qu'il faut bien remarquer, c'est que toujours l'axe idéal autour duquel le ciel paraît tourner, passe par le lieu de l'observation. En outre, les situations relatives des étoiles situées sur un même horizon, ou, ce qui est équivalent, leurs distances angulaires, sont complétement indépendantes de la position occupée par l'observateur. Il résulte, de ces deux faits, que les *dimensions de la Terre sont tout à fait négligeables par rapport à sa distance aux étoiles.*

D'un autre côté, quelle que soit la contrée où

l'on se transporte, il semble toujours que l'on occupe le centre d'une immense sphère creuse, à la surface de laquelle les étoiles seraient attachées. Entre la surface du globe et la surface de cette sphère idéale, il n'existe probablement pas de matière pondérable, si ce n'est la petite couche gazeuse à laquelle on a donné le nom d'*atmosphère*. Conséquemment, *la Terre est isolée dans l'espace.*

Axe de la Terre. — Pôles terrestres.

56. Nous démontrerons bientôt que le mouvement diurne du ciel, d'orient en occident, n'est qu'une apparence, due à la *rotation de la Terre autour de son axe*, rotation qui a lieu d'*occident en orient*. Les points où l'axe rencontre la surface de la Terre sont les *pôles* de celle-ci. Ils portent, comme les points qui leur correspondent dans le ciel, les noms de *pôle arctique* ou *pôle boréal*, et de *pôle antarctique* ou *pôle austral*.

Méridiens. — Parallèles. — Équateur.

57. On a vu (**45**) que la position d'une étoile est commodément déterminée au moyen d'un grand cercle passant par l'axe du monde, et d'un petit cercle perpendiculaire à cet axe. Semblablement, pour indiquer la situation d'un point de la surface du globe, on emploie le *méridien* et le *parallèle* passant par ce point. Tous les méridiens sont égaux entre eux ; mais les parallèles vont en augmentant de grandeur depuis le pôle jusqu'au parallèle dont le plan passe par le centre de la Terre ; ce dernier est l'*équateur*.

Longitudes et latitudes géographiques.

58. *La longitude d'un lieu est l'arc de l'équa-*
teur compris entre un premier méridien et le
méridien passant en ce lieu ; elle est *orientale* ou
occidentale. La latitude d'un lieu est l'arc de
méridien compris entre ce lieu et *l'équateur ;* elle
est *boréale* ou *australe.* Les longitudes se comptent de 0 à 180°, et les latitudes, de 0 à 90°. Les
unes et les autres sont de véritables *coordonnées,*
analogues aux coordonnées célestes : les longitudes répondent aux *ascensions droites,* et les latitudes aux *déclinaisons* (**44, 45**).

59. *Premier méridien.*—Pendant longtemps,
les géographes avaient adopté, pour premier méridien, celui de l'île de Fer, l'une des Canaries.
Aujourd'hui, probablement par amour-propre
national, les Français comptent les longitudes à
partir du méridien passant par l'Observatoire de
Paris, tandis que les Anglais regardent comme
premier méridien celui de Greenwich, etc. (**1**)

60. *La latitude est égale à la hauteur du pôle.*
— La définition de la latitude, donnée tout à

(**1**) « Il est à désirer, dit Laplace, que tous les peuples de l'Europe, au lieu de rapporter au méridien
de leur premier observatoire les longitudes géographiques, s'accordent à les compter d'un même méridien, donné par la nature elle-même, pour le retrouver sûrement dans tous les temps. Cet accord in-
troduirait dans leur géographie la même uniformité
que présentent déjà leur calendrier et leur arithmé-
tique, uniformité qui, étendue aux nombreux objets
de leurs relations mutuelles, formerait de ces peuples
divers une immense famille. »

l'heure, suppose la Terre sphérique. Or, on verra bientôt que le *sphéroïde terrestre* est légèrement aplati vers les pôles. Il est donc essentiel de modifier cette définition, de manière à la rendre indépendante de la forme du méridien, et de pouvoir même la faire servir à étudier celle-ci.

Pour cela, soient APE'P'E la section méridienne

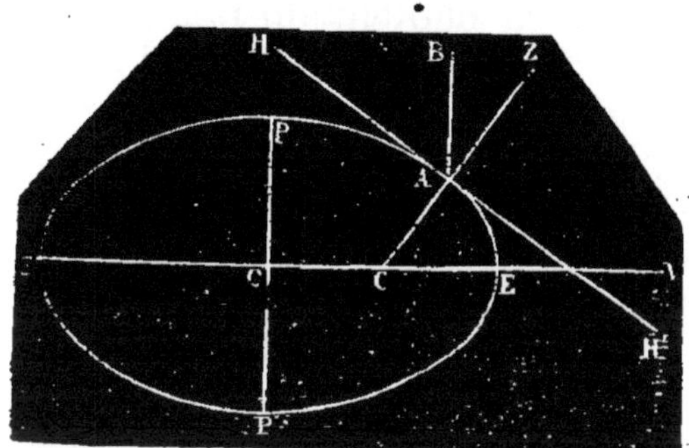

passant par un lieu A, PP' l'axe terrestre, E'E l'équateur. Menons, aux points A, E, les *normales* (1) à l'arc PAE, c'est-à-dire les *verticales* de ces deux lieux : l'angle ZCV, formé par ces deux droites, sera la latitude du point A; c'est-à-dire qu'*on appelle latitude d'un lieu, l'angle formé par la verticale de ce lieu et par la verticale de l'équateur, située dans un même méridien avec la première.*

Cela posé, menons AB parallèle à PP', et HH' tangente en A à la section méridienne ; la première droite est la direction suivant laquelle on aperçoit le pôle céleste, c'est-à-dire que cette droite est ce que nous avons nommé, jusqu'à présent, l'*axe du monde ;* la ligne HH' est la trace du plan d'horizon sur le plan du méridien ; donc

(1) La *normale* en un point d'une courbe, est la perpendiculaire à la *tangente* en ce point.

l'angle BAH est la *hauteur du pôle.* D'ailleurs il est égal à l'angle ZCV, dont les côtés sont perpendiculaires aux siens (1) ; donc la *latitude est égale à la hauteur du pôle.*

61. *Détermination de la latitude.* — Il résulte, de la proposition précédente, que, pour obtenir la latitude d'un lieu quelconque, il suffit de mesurer, en ce lieu, la hauteur du pôle. Cette dernière détermination ne pouvant être obtenue directement, attendu que *le pôle céleste est un point idéal,* on y supplée, comme nous l'avons dit (51), par des mesures de hauteurs méridiennes, faites à 12 heures de distance.

62. *Détermination de la longitude.* — Si un lieu A est à $15°$ E d'un lieu B, et que la pendule sidérale de A ait marqué $0^h 0^m 0^s$ quand le point équinoxial Υ passait au méridien, elle devra marquer 1^h lors du passage de cette même étoile Υ au méridien de B (45). D'ailleurs, à ce même instant, la pendule sidérale de B doit indiquer $0^h 0^m 0^s$. Par conséquent, *la différence des longitudes de deux lieux est égale à la différence des heures que l'on y compte au même instant* (2). Pour évaluer cette différence, on transporte un *chronomètre* du premier lieu dans le second, ou

(1) On démontre, en géométrie, que deux angles sont égaux lorsqu'ils ont les côtés respectivement perpendiculaires.

(2) Par exemple, les longitudes de Vienne et de Londres étant $14° 2' 36''$ E et $2° 26' 11''$ O, relativement à Paris, il s'ensuit que, dans l'instant où il est *midi* pour cette dernière ville, il est $12^h 56^m$ à Vienne, et $11^h 50^m 45^s$ à Londres. *Si une dépêche électrique part de Londres à midi, elle arrive à Paris avant midi.*

bien l'on observe, à la fois dans les deux lieux, un *signal de feu*, c'est-à-dire une fusée, lancée d'une station intermédiaire. On peut enfin recourir, avec avantage, à la télégraphie électrique, parce que l'électricité parcourt environ 30 000 kilomètres par seconde.

63. *Remarque.* — Tous les lieux situés sur un même méridien ont, au même instant, la même heure (1).

Différentes positions de la sphère céleste.

64. Au moyen de la proposition démontrée ci-dessus (**60**), nous pouvons compléter ce que nous avions dit, antérieurement, sur les apparences présentées par la sphère céleste.

En effet, si un observateur pouvait se transporter au pôle nord, comme il se trouverait à 90° *de latitude*, il aurait le pôle céleste à son zénith, et, par conséquent, toutes les étoiles situées dans l'hémisphère boréal sembleraient tourner autour de lui, en décrivant des cercles parallèles à son horizon. Dans ce cas hypothétique, la sphère est dite *parallèle*.

A l'équateur, la latitude est nulle ; donc, comme nous l'avons déjà fait remarquer (**52**), les deux pôles sont à l'horizon ; toutes les étoiles sont visibles successivement, et chacune l'est pendant 12 heures ; les circonférences qu'elles paraissent décrire sont perpendiculaires à l'horizon, etc. La sphère est alors *droite*.

(1) Cette propriété pourrait être prise comme définition du méridien.

Enfin, entre les pôles et l'équateur, on a **la** sphère *oblique*.

Dimensions de la Terre.

65. *Mesure d'un arc du méridien.* — Après avoir reconnu que la Terre a sensiblement la forme d'une sphère, et qu'elle est isolée dans l'espace, voyons comment on a pu acquérir des notions exactes sur sa grandeur et sur les légères irrégularités que présente sa surface.

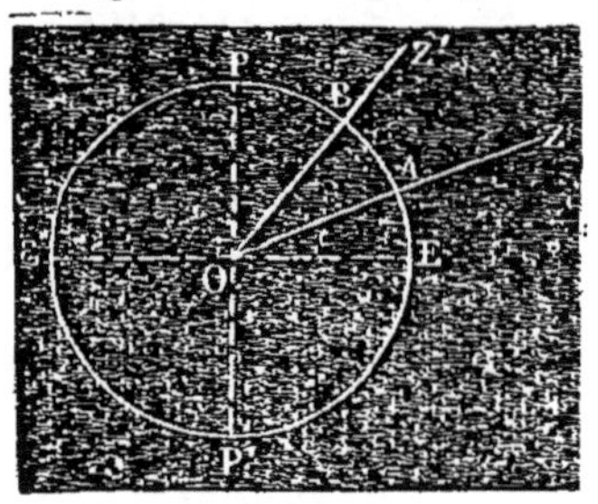

Si l'on adopte, pour *première approximation*, la figure sphérique, la détermination du *rayon terrestre* R se réduit à la mesure de la distance comprise entre deux lieux A, B, situés sur un même méridien PEP'E', et dont la différence des latitudes soit connue. En effet, cette différence est égale (**66**) à l'angle ZOZ' formé par les deux verticales OAZ, OBZ'; et, par les propriétés les plus simples du cercle, on a

$$\frac{ZOZ'}{360} = \frac{AB}{2\pi R},$$

π désignant le *rapport de la circonférence au diamètre*, nombre que l'on sait être égal, à fort peu près, à **3,141 593** (1).

(1) Je rappellerai, en passant, que le rapport π est *incommensurable*, c'est-à-dire qu'*il n'a pas de commune mesure avec l'unité*. De là résulte que ce rapport, compris entre **3,141592** et **3,141593**, ne saurait être

Si, par exemple, la différence de latitude entre les points A, B était de 1°, la *proportion* précédente donnerait

$$R = A B. \frac{180}{\pi},$$

ou $\qquad R = A B. \ 57, 295...;$

en sorte qu'une simple multiplication ferait connaître la valeur du rayon terrestre.

66. L'une des plus anciennes mesures dont l'histoire fasse mention est attribuée à l'illustre *Eratosthène*, qui fut à la fois géomètre, astronome, géographe, philosophe, grammairien et poëte (1). Sachant qu'à Syène, dans la haute Egypte, le soleil s'élevait précisément au zénith le jour du *solstice* d'été, puisque les plus grands édifices ne projetaient aucune ombre à midi, il eut l'idée de mesurer, ce même jour, la distance

représenté par *un nombre fini de chiffres*. C'est ce qu'ignorent complétement les pauvres hères qui se vouent à la recherche de *la quadrature du cercle*. Non-seulement ils ne savent pas *en quoi consiste le problème* qu'ils veulent résoudre ; mais ils négligent même, pour la plupart, d'étudier les plus simples notions de géométrie ; en sorte qu'ils arrivent à des *rapports exacts*, fautifs dès la deuxième ou la troisième décimale ! Ce qu'il y a de plus curieux, c'est que certains *quadrateurs* ont des succès de toute nature : j'en pourrais citer un dont la brochure, parvenue aujourd'hui à sa cinquième édition, a été *couronnée* par une association qui s'intitule, on ne sait pourquoi, *Académie nationale des arts, des sciences et de l'industrie*. Il est bien entendu que cette académie-là n'a rien de commun avec l'*Académie des Sciences*.

(1) Il vivait dans le troisième siècle avant l'ère vulgaire.

zénithale du soleil à Alexandrie (1), qui se trouve sur le méridien de la première ville. Il obtint, pour cette mesure, $7° \frac{1}{5}$. D'ailleurs, on savait que la distance entre Syène et Alexandrie était égale à 5 000 *stades*. Il résulte, de cette remarquable tentative d'Eratosthène, que la circonférence de la Terre fut fixée à 252 000 *stades* (2).

67. Parmi les modernes, le premier qui ait essayé de mesurer un degré du méridien fut Fernel, médecin de Henri II. Partant de Paris, il se dirigea vers Amiens, en comptant exactement le nombre des tours de roue de sa voiture. Il trouva ainsi, pour la longueur du degré, 57 070 toises (3). Ce résultat, obtenu par une méthode qui peut paraître grossière, diffère assez peu de celui que les procédés les plus rigoureux ont donné depuis.

68. La première mesure méritant véritablement ce nom fut exécutée en 1669, par l'astronome français Picard. Il établit un *réseau géodésique* entre Paris et Amiens, et, opérant avec

(1). Ou plutôt à Méroé, suivant l'opinion de M. Vincent.

(2) Pour savoir si cette détermination diffère beaucoup des résultats obtenus récemment, il fallait connaître la valeur du stade employé par Eratosthène. D'après le savant que nous venons de citer, cette valeur est, très probablement, 158m25, d'où résulte 110775 mètres pour la longueur du degré. Ce nombre serait aussi approché que celui qui a été conclu des mesures modernes les plus exactes.

(3) Ce nombre est celui que rapportent la plupart des auteurs. D'après Picard, la mesure trouvée par Fernel devrait être réduite à 56 746 toises.

beaucoup de talent et de soin, il trouva, pour la longueur du degré, 57 060 toises. Ce nombre, multiplié par 90, donne 5 136 300 toises pour a distance du pôle à l'équateur.

Après la mort de Picard, arrivée vers 1683, sa méridienne fut prolongée au nord et au sud, d'abord par Dominique Cassini, puis, plus tard, par Jacques Cassini et Philippe Maraldi.

69. *Véritable figure de la Terre.* — Newton avait soupçonné que *la Terre a la forme d'un sphéroïde aplati vers les pôles.* S'il en est ainsi, la différence de latitude entre deux lieux situés sur un même méridien est mesurée, non par l'angle des rayons aboutissant en ces deux points, mais par l'angle des deux verticales (**60**). Conséquemment, *un degré du méridien est l'arc AB compris entre deux lieux dont les verticales AZ, BZ' font entre elles un angle d'un degré.* De plus, *si le rayon OE de l'équateur est plus grand que le rayon OP du pôle, l'arc d'un degré AB doit croître quand ses extrémités se rapprochent du pôle :* cette proposition, qui paraît assez évidente à

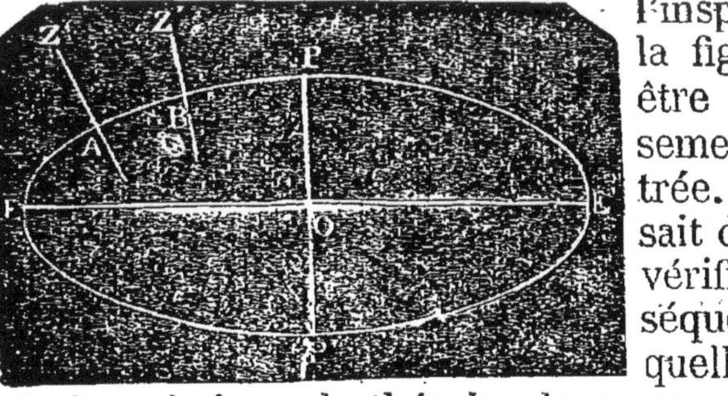

l'inspection de la figure, peut être rigoureusement démontrée. Il s'agissait donc, pour vérifier la conséquence à laquelle Newton était arrivé par la théorie, de mesurer un degré du méridien près de l'équateur, d'en mesurer un autre près du pôle, et de comparer leurs longueurs avec celle du degré mesuré en France. C'est ce que l'on fit en 1734 : Bouguer, La Condamine et Godin se rendirent au Pérou, tandis que Maupertuis, Clairaut, Lemonnier, Camus et Outhier allaient en Laponie. Voici les résultats de cette double expédition, qui fit le plus grand honneur aux savants français :

Longueur de l'arc de 1° :

au Pérou,	56 750 toises
en Laponie,	57 422 toises
Différence,	672 toises

Ainsi le degré du méridien est notablement plus grand au pôle qu'à l'équateur. D'ailleurs, Picard et Auzout avaient trouvé, pour la longueur du degré en France, 57 060 toises, valeur moyenne entre les deux autres ; l'hypothèse de Newton était donc pleinement justifiée. Les mesures exécutées depuis l'opération des académiciens, en France d'abord, puis en Angleterre, en Espagne, en Italie, en Allemagne et en Russie, n'ont fait que confirmer la réalité de cette hypothèse.

En résumé : *la figure de la Terre est, à fort peu près, celle d'un ellipsoïde de révolution autour de son petit axe.*

Bases du système métrique.

70. L'Assemblée Constituante, frappée des inconvénients qui résultaient de la multiplicité des mesures en usage à la fin du siècle dernier, résolut d'établir un *Système métrique* dont la base serait *prise dans la nature*, afin qu'on pût la retrouver au besoin. Par un décret du 8 mai 1790, elle nomma une Commission, qu'elle chargea d'exécuter les travaux nécessaires à l'établissement du futur système. Méchain et Delambre, membres de cette Commission, mesurèrent (1), avec tout le soin imaginable, l'arc du méridien de Paris, qui s'étend de Dunkerque à Barcelone : ils le trouvèrent égal à 551 583$^\mathrm{T}$,6 (2). D'après cette mesure, la distance du pôle à l'équateur serait de 5 130 740 toises. En même temps, l'*aplatissement* de l'ellipsoïde terrestre, c'est-à-dire le rapport entre la différence des axes et le grand axe, fut supposé égal à $\frac{1}{334}$. En appelant *mètre* la *dix-millionnième partie de la distance du pôle à l'équateur, mesurée sur le méridien de Paris*, on trouvait alors, pour cette unité fondamentale du Système des poids et mesures,

$$1 \text{ mètre} = 0^\mathrm{T},513\,074 = 3^\mathrm{pi}\,0^\mathrm{po}\,11^\mathrm{l},295\,936.$$

Comme cette dernière fraction diffère très peu de 0,296, le *mètre légal* fut fixé à 3$^\mathrm{pi}$ 0$^\mathrm{po}$ 11$^\mathrm{l}$,296.

Dimensions de la Terre.

71. Depuis la fin du siècle dernier, les tra-

---

(1) Ou plutôt *calculèrent*. On n'a fait la mesure, effective, que de deux *bases* : la première comprise entre Melun et Lieusaint, l'autre située près de Perpignan.

(2) La toise-*étalon* fut celle qui avait servi à la détermination du degré près de l'équateur : pour cette raison, elle est connue sous le nom de *toise du Pérou*. Est-il vrai que cette relique, précieusement conservée jusqu'à la mort d'Arago, ait été, il y a quelques années, *mise à neuf par un peintre en bâtiment ?*

vaux de Méchain et Delambre ont été continués et vérifiés, d'abord par MM. Biot et Arago, qui prolongèrent la méridienne de Paris jusqu'à l'île de Formentera, ensuite par d'autres savants. En discutant toutes les observations, Bessel est arrivé aux résultats suivants :

$$\text{Demi-axe équat.} = a = 3\,272\,077 = 6\,377\,398\ (1).$$
$$\text{Demi-axe polaire} = b = 3\,261\,139 = 6\,356\,080.$$

les colonnes étant : Toises — Mètres.

$$\text{Aplatissement} = \frac{a-b}{a} = \frac{1}{299},$$

avec une incertitude d'environ 5 unités au dénominateur.

$$\text{Quart du méridien} = 5\,131\,180 = 10\,000\,856,$$

(Toises — Mètres) avec une incertitude de 256 toises, *en plus* ou *en moins*.

Quart de l'équateur = 10 017 594 mètres.

72. *Remarque.* — La distance du pôle à l'équateur étant, très probablement, égale à 10 000 856 fois le mètre légal, il s'ensuit que

le mètre-*théorique* = le mètre-*légal* × 1,000 856.

La très petite différence qui existe entre ces deux unités tient, d'une part, à ce que la Commission des poids et mesures avait adopté, pour l'aplatissement terrestre, une fraction un peu trop petite, et ensuite à une véritable erreur matérielle qui s'était glissée dans l'admirable travail de Méchain et Delambre. Quoi qu'il en soit, l'établissement du système métrique est l'un des plus beaux titres de gloire des gouverne-

(1) Il s'agit ici du mètre-*légal*.

ments révolutionnaires qui l'ont ordonné et dirigé, et des savants qui l'ont exécuté, au milieu de fatigues et de dangers de toutes sortes.

Mouvement de rotation de la Terre.

73. Après avoir indiqué comment les astronomes sont parvenus à déterminer la forme et les dimensions de notre globe, revenons sur nos pas et examinons si, comme nous l'avions supposé d'abord, le ciel tourne autour d'un axe idéal, passant par les pôles, ou si ce mouvement diurne de la voûte céleste ne serait pas une illusion, causée par la rotation de la Terre.

Remarquons d'abord que le témoignage de nos sens ne peut pas nous aider à reconnaître, entre ces deux hypothèses, celle qui est conforme à la vérité. Car, que le ciel tourne *d'orient en occident*, la Terre étant supposée fixe, ou que celle-ci pivote sur elle-même, *d'occident en orient*, le ciel

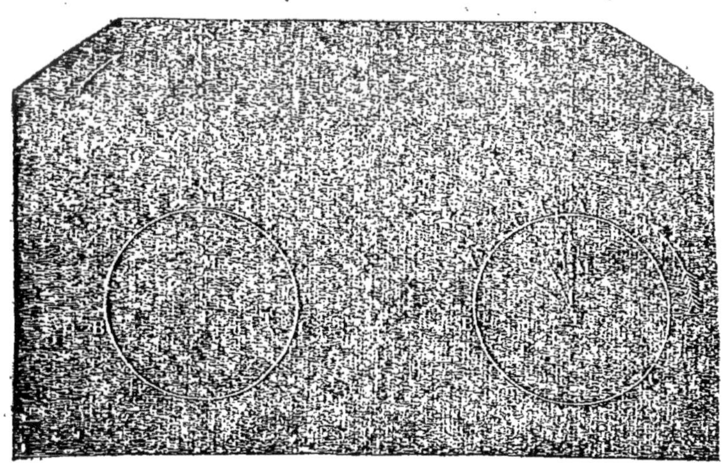

restant immobile, il arrivera toujours qu'un observateur, placé en un point M de la surface du globe, verra les étoiles *e*, *e'*, *e''*, *e'''*... passer successivement à son méridien PA : en d'autres termes, il lui semblera que le ciel se meut. Cette conséquence, assez évidente à l'inspection des deux figures ci-contre (1), résulte aussi d'une expérience vulgaire : quand on est dans un bateau, ou dans une voiture roulant sur un terrain uni, il semble que les maisons et les arbres marchent dans un sens contraire à celui du bateau ou de la voiture. Sur un chemin de fer, l'illusion est encore plus complète : si l'on met la tête à la portière, et qu'on regarde, pendant quelques instants, les cailloux placés sur la voie, on croit bientôt les voir *courir*. Cette sensation singulière, d'autant plus forte que l'on s'*isole* plus complé-

(1) Ces deux figures sont des *projections orthogonales* (analogues aux *plans* que dressent les architectes), faites sur le plan de l'équateur céleste. ABC représente le cercle équatorial de la Terre T ; P est le pôle boréal ; M occupe à peu près la position de Paris (l'observateur, placé en M, tourne le dos au pôle). On peut supposer que les étoiles *e*, *e'*, *e''*, *e'''*..., soient *Sirius*, *Procyon*, *Régulus*, l'*Epi*, *Atair*, etc. L'ordre dans lequel on les a placées est contraire à celui qu'elles occupent sur le planisphère, parce que celui-ci doit être regardé de *bas* en *haut*, tandis que les deux figures dont il s'agit doivent être vues de *haut* en *bas*.

Cela posé, il est clair que *si la terre T est fixe, les étoiles e, e', e'',... viendront successivement rencontrer le méridien* PA. *Si*, au contraire, *le ciel est fixe, le méridien mobile* PA, dont les positions successives sont PA', PA'',... *rencontrera les étoiles*. Dans les deux cas, le spectateur, regardant vers le midi, verra le ciel tourner de *gauche* à *droite*.

tement du véhicule dans lequel on est placé, et que le mouvement de celui-ci s'opère avec moins de secousses, doit nous tenir en garde contre les conclusions que nous voudrions déduire du spectacle journalier du ciel.

74. Les anciens, qui n'avaient, pour ainsi dire, aucune notion des grandeurs et des distances des astres, croyaient les étoiles très rapprochées de la Terre; et, en conséquence, pour expliquer le mouvement diurne, ils avaient *solidifié* le ciel : cette sphère idéale, produit d'une pure illusion de nos sens. devenait pour eux une véritable *voûte de cristal*, tournant autour d'un axe, et sur laquelle les étoiles étaient attachées (**5**).

75. Depuis que le perfectionnement des méthodes et des instruments a fait de l'Astronomie la première des sciences d'observation, toutes ces hypothèses de cieux solides, d'astres *destinés* à éclairer la Terre, etc., ont dû être complètement abandonnées : elles ne peuvent plus servir qu'à nous faire croire aux progrès futurs de l'esprit humain, en nous montrant la route qu'il a déjà parcourue. En effet, le Soleil, comme on peut le démontrer, a un volume qui surpasse *quatorze cent mille fois* celui de notre globe; il est éloigné de nous d'environ *vingt-quatre mille* fois le rayon de la Terre; et, très probablement, l'étoile la plus proche est encore *deux cent mille* fois plus loin. En outre, ces étoiles (on le croit du moins) sont irrégulièrement répandues dans l'espace, et leurs distances mutuelles peuvent varier entre des limites très écartées qui seraient, par exemple, la distance du Soleil à la Terre, et

un million de fois cette distance. Comment supposer que tous ces astres, dont la grandeur, le nombre et l'éloignement confondent l'imagination, tournent autour d'une *droite mathématique*, passant par les pôles de l'atome imperceptible sur lequel nous végétons?... Ce n'est pas tout : de deux étoiles également éloignées de la Terre, celle qui est voisine du pôle aura une vitesse relative assez faible; mais celle qui est près de l'équateur devra, pour effectuer sa révolution dans le même temps que la première, être animée d'une vitesse véritablement effrayante. Ce que nous disons de deux étoiles acquiert bien plus de force quand on les envisage toutes à la fois; et comme on doit admettre qu'il n'existe entre elles ni *liens matériels*, ni *accord moral*, on est conduit à rejeter, *d'une manière absolue*, l'hypothèse du mouvement de rotation du ciel.

76. Au contraire, si la Terre tourne, tout se simplifie. Au lieu d'une multitude de corps, probablement gros comme le Soleil, circulant avec des vitesses très grandes et pourtant très diverses, il en reste un seul, incomparablement plus petit, *pirouettant* sur lui-même avec une vitesse assez faible, puisque les points placés sur son équateur parcourent à peine 470 mètres par seconde (1). Quand il n'y aurait pas de preuves

(1) Cette vitesse est environ la moitié de celle d'un boulet au sortir du canon. Le lecteur qui serait tenté de la regarder comme très considérable ne doit pas oublier que, si la Terre était fixe, la vitesse de translation du Soleil, dans son mouvement diurne, serait $470^m \times 24\,000$, ou à peu près 11 300 kilomètres par seconde.

directes du mouvement de rotation de la Terre, la simplicité de ce résultat, comparée à la complication de ceux que nous venons de signaler, devrait nous décider en faveur de la seconde hypothèse.

77. La doctrine du mouvement de rotation de la Terre, soupçonnée par quelques philosophes grecs, et enseignée par Copernic dans son ouvrage sur les *Révolutions célestes*, eut le sort de toutes les vérités nouvelles : elle attira la persécution sur ceux qui la propagèrent. L'illustre Galilée, après avoir étonné le monde par la grandeur et la multitude de ses découvertes, fut poursuivi par l'inquisition romaine, enfermé dans une prison, *à l'âge de soixante et dix ans*, puis, contraint à abjurer solennellement, *étant à genoux*, l'*hérésie* du mouvement de la Terre (1).

Autres preuves du mouvement de rotation.

78. *Longueur du pendule.* — Les oscillations du pendule sont dues à la pesanteur : elles doivent être plus lentes quand l'instrument est plus éloigné du centre de la Terre. Ce fait fut d'abord

(1) Le jugement, en date du 22 juin 1633, déclare *absurde en philosophie, erronée en la foi*, l'opinion du mouvement de la Terre. Il ordonne que Galilée sera *emprisonné dans les prisons* du Saint-Office, et qu'il dira chaque semaine, pendant trois ans, les Sept psaumes. On sait que le prétexte de la persécution était un passage de la Bible : Si le Soleil est immobile, Josué n'a eu aucune peine à l'*arrêter* ; et le miracle était fort amoindri ! Du reste, le fanatisme religieux a toujours été stupide et cruel. Pour avoir osé avancer que le Soleil était *plus grand que le Péloponèse*, le philosophe Anaxagore faillit être mis à mort par les Athéniens.

vérifié par l'astronome français Richer. Envoyé à Cayenne, en 1672, par l'Académie des sciences, il trouva que son horloge, réglée à Paris, retardait, chaque jour, d'une quantité sensible : en d'autre termes, pour que le pendule de Richer battît les secondes à Cayenne, il le fallait accourcir.

En prenant pour unité la longueur du pendule qui fait, à l'Observatoire de Paris, 86 400 oscillations par jour, on a trouvé sa longueur égale à 0,996 69 à l'équateur, tandis qu'en Laponie elle est 1,001 37. La différence entre les deux dernières longueurs est trop considérable pour être seulement due à la forme ellipsoïdale du méridien ; mais si l'on admet la rotation de la Terre, il en résultera une *force centrifuge* dirigée, en chaque lieu, suivant le rayon du parallèle, et proportionnelle à ce rayon (1). Cette force centrifuge, nulle au pôle, atteint donc son maximum à l'équateur ; et, agissant du centre à la circonférence, elle atténue, en partie, l'effet de la pesanteur. L'expérience ayant confirmé ces prévisions théoriques, il s'ensuit que la mesure du pendule à secondes, faite en divers lieux, peut servir à démontrer la rotation de la Terre.

79. La considération de la force centrifuge donne lieu à une curieuse remarque. A l'équateur, cette force est $\frac{1}{289}$ de la pesanteur. D'ailleurs *elle croît proportionnellement au carré de la vitesse de rotation*, et 289 est le carré de 17. Conséquemment, si *la Terre tournait 17 fois plus vite, les corps placés à l'équateur ne pèseraient*

(1) Voyez les traités de Mécanique.

plus : une pierre qu'on lancerait de bas en haut ne retomberait pas.

80. *Forme du sphéroïde terrestre.* — Nous avons reconnu que la figure de notre globe est, à fort peu près, celle d'un ellipsoïde de révolution aplati. Or, la Mécanique enseigne que cette même figure convient à l'équilibre d'une masse fluide animée d'une certaine vitesse de rotation. D'un autre côté, les géologues ont été conduits, par leurs recherches, à la conclusion suivante : *A l'origine des choses, la Terre était incandescente. Aujourd'hui, elle conserve encore une partie de sa chaleur et de sa fluidité primitives.* La forme actuelle du sphéroïde terrestre est donc un argument en faveur du système de Copernic.

81. *Expérience de M. Foucault.* — Le pendule, qui avait déjà servi à reconnaître la figure de la Terre, est devenu, par suite d'une heureuse idée de M. Foucault, l'appareil le plus propre à démontrer, d'une manière nette et saisissante, le mouvement de rotation de notre globe.

Pour concevoir comment cet habile physicien a pu être conduit à imaginer la célèbre expé-

rience du Panthéon, considérons d'abord le cas, purement hypothétique, d'un pendule oscillant au pôle boréal.

Soient ABCD l'équateur, P le pôle, APB un méridien

quelconque. Si le pendule, dont le point de suspension est sur le prolongement de l'axe errestre, commence à osciller dans le plan fixe GAPBH, il y restera indéfiniment, parce que ce plan partage la sphère en deux parties symétriques. Cela posé, *si la Terre est fixe*, le plan méridien APB coïncidera sans cesse avec GPH; et, conséquemment, *il n'y aura ni déviation réelle, ni déviation apparente du plan d'oscillation.* Au contraire, *si la Terre tourne de l'ouest à l'est*, le méridien AB prendra successivement les positions A'B', A'B''..., et *le plan d'oscillation GPH paraîtra tourner de l'est à l'ouest, de manière à effectuer une révolution complète en 24 heures sidérales.*

Soit, en second lieu, un pendule *ap* placé en un point A de l'équateur ABCD. On voit, par le

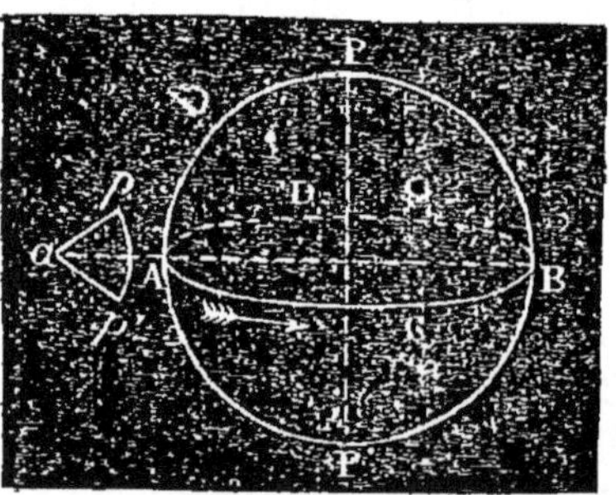

raisonnement précédent, que si le pendule oscille d'abord dans le plan méridien PAP', il ne sortira plus de ce plan, dans lequel sa tige A*a* est fixée. Ainsi, *que la Terre tourne ou qu'elle soit fixe*, le *plan d'oscillation coïncidera indéfiniment avec le méridien PaP', et il n'y aura aucune déviation apparente.*

Enfin, supposons le pied de la tige du pendule transporté sur un parallèle quelconque ABC. Soit PAP' le méridien dans lequel commence le mouvement oscillatoire. *Si la Terre est fixe, il n'y aura aucune déviation du plan d'oscillation;*

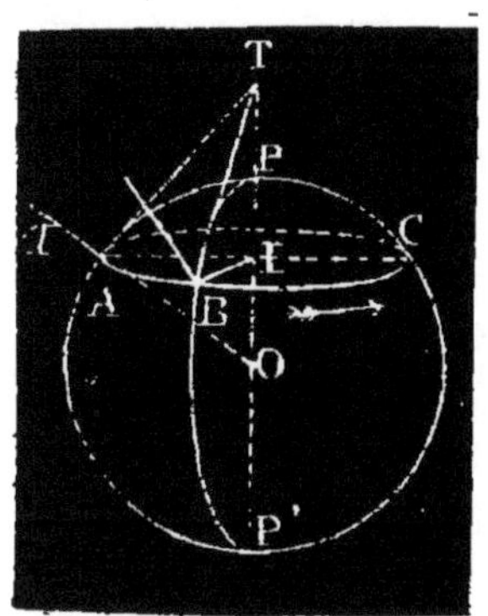

mais si elle tourne de l'*ouest* à l'*est*, de manière que le méridien *initial* PAP' prenne successivement les positions PBP', PCP', ..., en entraînant avec soi la tige. A*a* du pendule, *il y aura une déviation apparente du plan d'oscillation, dirigée de l'est à l'ouest: la trace horizontale de ce plan semblera se mouvoir, autour du pied de la tige du pendule, avec une vitesse angulaire comprise entre celles qui répondent aux deux cas extrêmes considérés d'abord.*

Réciproquement, *si*, comme cela avait lieu dans l'expérience de M. Foucault, *le plan d'oscillation paraît se diriger de l'est à l'ouest, il est sûr que la Terre tourne de l'ouest à l'est.*

CHAPITRE IV

DU SOLEIL.

Mouvement annuel du Soleil.

82. Quand on observe le ciel chaque jour, au moment du lever du Soleil ou au moment de son coucher, on reconnaît que cet astre a un mouvement propre, dirigé en sens contraire du mouvement diurne. En effet, si l'on remarque les étoiles qui brillent à l'occident un instant après le coucher du Soleil, on les verra, quelques jours plus tard, se rapprocher de lui et se perdre dans ses rayons : à cette époque, *elles resteront sur l'horizon pendant toute la journée*, et elles passeront au méridien en même temps que le Soleil. Plus tard encore, elles seront déjà sous l'horizon au moment où il se couchera, et on les verra paraître à l'orient quelques instants avant lui. Au bout de six mois environ, elles se lèveront quand le Soleil se couchera, et, conséquemment, *elles seront sur l'horizon pendant la nuit*. Enfin, après une année entière, les mêmes phénomènes recommenceront dans le même ordre.

83. Il résulte de ce premier aperçu, que le Soleil paraît s'avancer chaque jour dans le ciel, d'occident en orient et par une progression lente, de manière à revenir, au bout d'environ 365 jours (1), à son point de départ. Si l'on veut se représenter ce mouvement propre du Soleil, on peut supposer qu'une *mouche* parcoure, sur un globe céleste, un cercle peu incliné à l'équateur, et qu'elle se meuve de l'ouest à l'est. Quand on fera tourner le globe sur son axe, de manière à figurer le mouvement diurne du ciel, « la mouche sera entraînée par ce second mouvement, moins cependant que si elle était restée immobile. En tant qu'il est attaché au globe, le petit insecte est entraîné par le mouvement diurne ; en tant qu'il se déplace sur le globe, en tant qu'il vient prendre sur ce même globe, à

______

(1) Il s'agit ici de *jours solaires*.

raison de son mouvement propre, des positions de plus en plus orientales, il arrive au méridien plus tard que les points fixes auxquels il avait primitivement correspondu : cette mouche est le Soleil (1). » (Arago, *Annuaire pour l'an* 1851).

84. Avant d'étudier les lois du mouvement propre du Soleil, nous devons mentionner une difficulté que nous n'avions pas rencontrée encore et qui tient à ce que *le Soleil a un diamètre apparent*, tandis que les étoiles n'en ont pas. En d'autres termes, les rayons visuels menés à deux bords opposés du Soleil forment entre eux un angle appréciable, même à la vue simple ; et, au contraire, l'image formée par une étoile quelconque, au foyer d'une lunette ayant un fort grossissement, est un simple point lumineux, auquel il n'est pas possible d'assigner un diamètre. D'après cela, il ne peut y avoir aucune ambiguïté dans la détermination de la position d'une étoile. Quand, par exemple, son image sera *occultée* par le fil moyen du réticule de la lunette méridienne, on dira que l'étoile passe au méridien. Mais s'il s'agit du Soleil ou de tout autre astre ayant un diamètre apparent, qu'appellera-t-on *passage au méridien, hauteur méridienne*, etc. ? La réponse est facile. Comme le *disque*, c'est-à-dire la forme apparente d'un as-

(1) Les éditeurs de l'*Astronomie populaire* ont ainsi *corrigé* ces quelques lignes de l'illustre astronome : « La mouche sera entraînée par ce second mouvement diurne ; en tant qu'il (*sic*) se déplace sur le globe, en tant qu'il vient prendre sur ce même globe, etc. »

tre, est très sensiblement circulaire, on prend son centre pour point de *repère*. Ainsi, *ascension droite, déclinaison* d'un astre, signifient ascension droite ou déclinaison du centre de son disque.

85. Pour mesurer, à un jour donné, l'ascension droite du centre du Soleil, on note le moment où l'image du premier bord du disque vient toucher le fil central du réticule ; on note ensuite l'instant où l'image du second bord touche ce fil en le quittant, et l'on prend la moyenne des temps observés.

Pour la déclinaison, on opère d'une manière analogue. Au moyen de la lunette du *mural*, on mesure la hauteur méridienne du bord supérieur du Soleil, puis celle du bord inférieur ; la demi-somme de ces deux angles donne la hauteur méridienne du centre ; d'où l'on déduit, de la même manière que pour les étoiles (44), la déclinaison de ce point.

Mouvement en ascension droite.

86. Supposons qu'à un jour donné, le 21 mars par exemple, on ait observé le passage du Soleil au méridien. Le 22 mars, quand la pendule sidérale marquera l'heure qu'elle indiquait la veille à l'instant du passage, l'astre ne sera pas encore au méridien : son retard sera d'environ 4 minutes. D'ailleurs le mouvement diurne du ciel a lieu d'orient en occident, c'est-à-dire de la *gauche* à la *droite* de l'observateur placé à l'oculaire de la lunette méridienne (1) ; donc ce retard du

(1) Les lunettes astronomiques *renversent* les ob-

Soleil sur les étoiles indique qu'il a marché, de *droite* à *gauche*, ou d'occident en orient, d'une quantité angulaire proportionnelle à 4 minutes de temps; à raison de 15° par heure, cette quantité équivaut à 1°.

87. En résumé, le mouvement du Soleil, en ascension droite, est d'à peu près 1° par jour sidéral ; de telle sorte qu'au bout d'environ 366 jours sidéraux, le Soleil revient occuper dans le ciel sa position primitive ; et il passe alors au méridien en même temps que l'étoile avec laquelle il y passait d'abord. Mais, comme il y a eu 366 retours de l'étoile, tandis qu'il y en a eu un de moins pour le Soleil, il s'ensuit que l'année solaire est d'environ 365 jours solaires (1).

Mouvement en déclinaison.

88. Tout le monde sait que, dans nos contrées, la hauteur méridienne du Soleil croît, du mois de décembre au mois de juin, pour décroître ensuite. Conséquemment, cet astre a un mouvement en déclinaison. Nulle au 21 mars, la déclinaison devient boréale les jours suivants, et atteint son maximum le 22 juin ; ce jour-là, le Soleil est à peu près à 23°$\frac{1}{2}$ de l'équateur céleste. A partir du 22 juin, la déclinaison va en dimi-

jets. Conséquemment l'image du Soleil paraît se mouvoir de la droite à la gauche de l'observateur. Les mots *droite* et *gauche* du texte se rapportent toujours aux apparences telles qu'elles ont lieu pour *l'œil nu*.

(1) Nous compléterons bientôt ces premières notions.

nuant ; le 23 septembre, le Soleil est de nouveau dans l'équateur ; il passe ensuite dans l'hémisphère céleste austral ; et sa déclinaison, après avoir atteint un second maximum le 22 décembre, redevient nulle à l'expiration de l'année solaire, c'est-à-dire le 21 mars.

De l'écliptique.

89. De même que les ascensions droites et les déclinaisons nous ont servi à représenter, sur un globe céleste, les positions apparentes des étoiles, nous pourrons, au moyen des ascensions droites et des déclinaisons du Soleil, mesurées chaque jour, dessiner sa route apparente. La ligne ainsi obtenue est une circonférence de grand cercle, dont le plan est incliné de 23° 27′ 37″,1 sur l'équateur. Elle a été appelée *écliptique*, parce que les *éclipses* de Soleil ou de Lune ont lieu quand ce dernier astre est dans le plan de la courbe, ou qu'il s'en écarte fort peu.

90. *Remarque.* — De toutes les droites menées dans l'écliptique par le centre de la sphère céleste, celle qui fait le plus grand angle avec l'équateur est la perpendiculaire à l'intersection des deux plans ; et cet angle maximum mesure l'inclinaison de l'écliptique sur l'équateur. Par suite, *l'obliquité de l'écliptique est égale à la plus grande déclinaison du Soleil.*

Équinoxes, solstices, etc.

91. Les points d'intersection de l'écliptique et de l'équateur céleste sont appelés *équinoxes* ou *points équinoxiaux*. Vers le 21 mars, le Soleil atteint l'équateur, c'est-à-dire qu'il est dans l'*équinoxe de printemps*. Nous avons déjà dit que ce dernier point est celui que l'on prend pour origine des ascensions droites. Conséquemment, au moment où le Soleil est dirigé vers l'équinoxe de printemps, son ascension droite est nulle, aussi bien que sa déclinaison.

92. On a vu tout à l'heure que, le 22 juin, la déclinaison boréale du Soleil atteint son maximum, et qu'il en est de même, le 22 décembre, pour sa déclinaison australe. A ces deux époques, le soleil cesse de s'éloigner de l'équateur, en sorte qu'il paraît *s'arrêter*. Pour cette raison, on a donné le nom de *solstice* à chacun des points de l'écliptique où se trouve alors le Soleil : l'un est le solstice d'été, l'autre le solstice d'hiver.

Quant aux dénominations d'*équinoxes*, elles rappellent qu'à l'époque où le Soleil est dans l'équateur, le jour est *égal à la nuit* sur toute la Terre.

93. On a donné le nom de *tropiques* aux parallèles que le Soleil semble décrire en 24 heures sidérales, aux époques des solstices. Chacun de ces parallèles porte le nom de la constellation dans laquelle se trouve alors le Soleil ; l'un, décrit au moment du solstice d'été, est le *tropique du Cancer* ; l'autre est le *tropique du Capricorne*.

94. Une droite perpendiculaire au plan de l'écliptique, menée par le centre de la sphère céleste, s'appelle *axe de l'écliptique*, par analogie avec l'axe de l'équateur. Les points où elle rencontre la surface de la sphère sont les *pôles de l'écliptique*. L'angle des deux axes étant égal à l'angle des deux plans auxquels ils sont per-

pendiculaires, il s'ensuit que la distance des pôles de l'écliptique aux pôles de l'équateur est égale à l'obliquité de l'écliptique. Le pôle nord de l'écliptique est *actuellement* dans la constellation du *Dragon*, à peu près entre les étoiles δ et ζ.

95. On donne le nom de *cercles polaires célestes* aux deux parallèles passant par les pôles de l'écliptique ; ils répondent aux *cercles polaires terrestres* qui en sont, pour ainsi dire, les perspectives.

96. Enfin, les *colures* sont deux cercles horaires, perpendiculaires entre eux, et qui passent, l'un par les équinoxes, et l'autre par les solstices. Le colure des solstices passe évidemment par les pôles de l'écliptique.

Des constellations zodiacales.

97. On donne le nom de *zodiaque* à une zone de la sphère céleste, large de 17°, partagée en deux parties symétriques par l'écliptique. Les constellations situées dans cette partie du ciel ont été remarquées de tout temps, parce que le Soleil, dans son mouvement annuel, paraît les occuper successivement. Voici leurs noms et les symboles qui les représentent :

Le *Bélier*, le *Taureau*, les *Gémeaux*,
♈ ♉ ♊

le *Cancer*, le *Lion*, la *Vierge*,
♋ ♌ ♍

la *Balance*, le *Scorpion*, le *Sagittaire*,
♎ ♏ ♐

le *Capricorne*, le *Verseau*, les *Poissons*.
♑ ♒ ♓

Les deux vers suivants, du poëte Ausone, rappellent ces noms, et l'ordre dans lequel les constellations se suivent :

Sunt *Aries, Taurus, Gemini, Cancer, Leo, Virgo,*
*Libra*que, *Scorpius, Arcitenens, Caper, Amphora, Pisces.*

98. *Signes du zodiaque.* — Pour indiquer commodément la position du Soleil dans le ciel, les anciens partagèrent le zodiaque, à partir du point équinoxial ♈, en douze parties, comprenant chacune, sur l'écliptique, un arc de 30° ; ces divisions égales sont les *signes du zodiaque.* Au temps d'Hipparque, ou quelques siècles avant ce grand astronome, les *signes* correspondaient précisément aux *constellations* zodiacales. D'après cette coïncidence, il était naturel d'appeler *signe du Bélier* la première division du zodiaque ; *signe du Taureau* la deuxième, et ainsi de suite. Mais le point équinoxial ♈, au lieu d'être fixe sur l'équateur, se meut dans le sens de la rotation diurne du ciel ; depuis Hipparque, il a parcouru environ 30°, et il se trouve aujourd'hui presqu'à l'extrémité de la constellation des Poissons. Il résulte de ce phénomène, connu sous le nom de *précession des équinoxes,* que *les* 30 *premiers degrés de l'équateur céleste ne renferment plus, comme autrefois, la constellation du Bélier.* Néanmoins, on a conservé, jusque dans ces derniers temps, l'ancienne division en signes, ainsi que les dénominations attribuées à ceux-ci ; par exemple, les éphémérides astronomiques annoncent toujours que, le 21 mars, le Soleil entre dans le *signe du Bélier ;* et cependant, à cette époque, le Soleil est, depuis près d'un mois, dans la *constellation des Poissons*. Ce défaut de concordance entre les constellations et les signes exposerait, si l'on n'en était averti, à de graves erreurs.

Orbite apparente du Soleil.

99. Jusqu'à présent, nous n'avons eu égard qu'au mouvement *angulaire* annuel du Soleil, c'est-à-dire que nous avons considéré le mouvement d'une droite menée de l'œil d'un observateur (ou plutôt du centre de la Terre) au centre du Soleil. Nous avons trouvé que cette droite ne sort pas d'un certain plan, incliné d'environ $23°\frac{1}{2}$ sur l'équateur ; la trace de ce plan sur la sphère céleste est la circonférence appelée *écliptique*. L'écliptique est donc pour nous, quant à présent, la *perspective sphérique* de la courbe que le centre du Soleil paraît décrire autour du centre de la Terre, dans l'espace d'un an. Essayons de reconnaître la nature de cette courbe, connue sous les noms de *trajectoire*, d'*orbite* ou d'*orbe* du Soleil.

100. Si le Soleil était toujours à la même distance de la Terre, son diamètre apparent serait invariable. Il n'en est pas ainsi, et ce diamètre, dont la valeur *moyenne* est égale à 32′, varie entre 31′ 31″, 04, et 32′ 35″, 58. Conséquemment, la droite menée du centre T de la Terre au centre S du Soleil, ou le *rayon vecteur* de l'orbite solaire, n

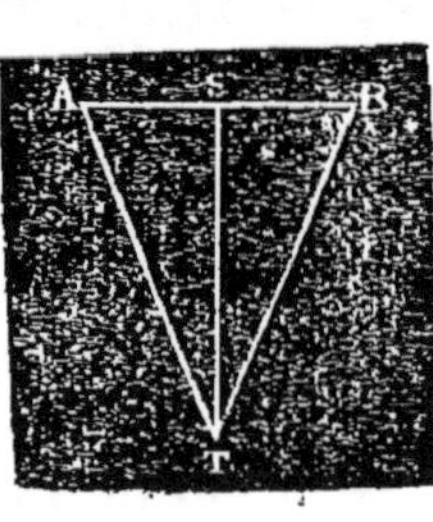

pas une longueur constante : on trouve que ce rayon ST varie, à fort peu près, *en raison inverse du demi-diamètre apparent* ATS.

101. Après avoir marqué sur une circonférence *abcd*, que nous regarderons comme représentant l'écliptique, la position apparente du Soleil pour chaque jour, portons, sur les *rayons vecteurs* ainsi déterminés de direction, des longueurs proportionnelles aux inverses des demi-diamètres apparents : les extrémités de ces rayons seront situées sur une courbe ASP, *semblable* à la trajectoire du Soleil. On vérifie ainsi cette première *loi de Képler : L'orbite apparente du Soleil est une ellipse dont le centre de la Terre occupe un des foyers.*

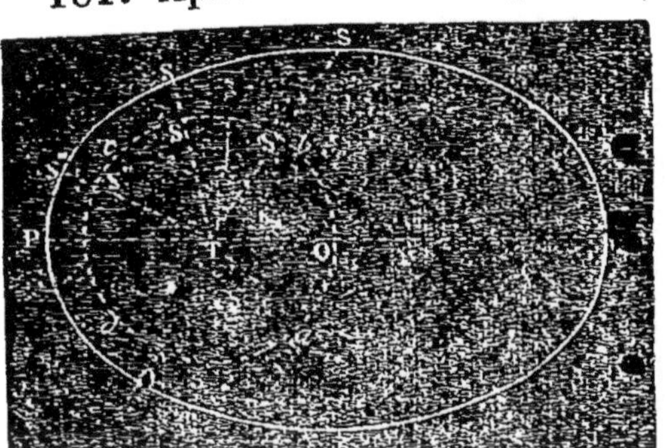

102. *Principe des aires.* — Non content d'avoir découvert la nature de l'orbite solaire (1), le digne précurseur de Newton indiqua la loi suivant laquelle le rayon vecteur se meut dans le plan de cette orbite. Il reconnut que les *secteurs elliptiques* STS′, S′TS″, S″TS‴,... sont équivalents, s'ils correspondent à des intervalles de temps égaux entre eux; conséquemment, à un temps double, triple, etc., correspond un sec-

____

(1) Ou plutôt celle des *orbites planétaires.*

teur double, triple, etc. La deuxième loi de Képler peut donc être énoncée ainsi : *Les aires décrites par le rayon vecteur sont proportionnelles aux temps.*

103. Périgée. — Apogée. — Ligne des apsides. — Dans une ellipse quelconque, les points situés le plus près ou le plus loin d'un des foyers sont les extrémités du grand axe. Quand il s'agit de l'orbite solaire, le sommet le plus rapproché de la Terre prend, pour cette raison, le nom de *périgée;* l'autre est l'*apogée.* Enfin, le grand axe de l'orbite est appelé *ligne des apsides,* parce que ses extrémités P, A sont quelquefois désignées, en commun, sous ce dernier nom.

Les mesures du diamètre apparent du Soleil, dont nous parlions tout à l'heure, prouvent que cet astre passe au périgée vers le 1er janvier, et à l'apogée vers le 2 juillet.

104. *Excentricité de l'orbite solaire.* — La *forme* d'une ellipse dépend uniquement de l'*excentricité* de cette courbe, c'est-à-dire du rapport entre la distance des foyers et le grand axe. On a trouvé que l'excentricité de l'orbite solaire est, à fort peu près,

$$e = 0{,}016\,775.$$

Cette valeur de l'excentricité donne, pour le rapport des axes de l'orbite,

$$\frac{b}{a} = 0{,}999\,85.$$

On voit que l'ellipse solaire diffère très peu d'un cercle dont la Terre occuperait le centre.

Distance du Soleil à la Terre. — Rayon et volume du Soleil.

105. Des méthodes, dont nous ne pouvons pas même indiquer le principe, ont permis de mesurer non-seulement la distance d du Soleil à la Terre, mais encore le rayon R de l'astre radieux (1). On a trouvé ainsi :

$$d = 24\,068\,r, \quad R = 112\,r,$$

r désignant le rayon de la Terre.

Ainsi : 1° la distance du Soleil à la Terre est à peu près 24 068 fois le rayon de celle-ci. En ayant égard à la valeur de ce rayon, on trouve que *la distance de la Terre au Soleil est d'environ* 153 500 000 *kilomètres*. Si un mobile, parti de la Terre, parcourait uniformément 75 kilomètres par heure, ce qui est à peu près la plus grande vitesse des locomotives, il lui faudrait *plus de deux cents ans* pour arriver au Soleil. Cependant, la lumière du Soleil nous parvient en 8ᵐ 18ˢ.

2° *Le rayon du Soleil est égal à* 112 *fois celui de la Terre*. Par suite, les volumes de ces corps sont entre eux comme 112³ est à 1 ; c'est-à-dire que *le volume du Soleil est environ* 1 405 000 *fois plus considérable que celui de la Terre* (2).

(1) Le lecteur sera porté à *admettre* l'existence de ces méthodes, s'il se rappelle que les officiers d'état-major, les géomètres-arpenteurs et même les architectes résolvent fréquemment les deux problèmes suivants : 1° *Trouver la distance d'un point donné à un point inaccessible* ; 2° *trouver la distance de deux points inaccessibles*. Du reste, nous reviendrons sur ce sujet à propos des étoiles.

(2) L'illustre auteur de l'*Astronomie populaire* rap-

106. *Remarque.* — Les résultats auxquels nous venons d'arriver montrent, dès à présent, qu'il est presque impossible de représenter *le système solaire* par des *modèles en relief* dans lesquels les proportions seraient conservées. En effet, si l'on figurait la Terre par une petite balle ayant *un centimètre* de rayon, le Soleil deviendrait un globe placé à *deux cent quarante-un mètres* de la balle, et dont le diamètre serait égal à $2^m,24$.

Masse et densité du Soleil.

107. La *masse* du Soleil est environ 355 500 fois celle de la Terre. Si ces deux corps avaient des volumes égaux, le Soleil *pèserait* donc 355 500 fois plus que notre planète. Mais, comme son volume est égal à celui de cette dernière multiplié par 112^3, son *poids spécifique* ou *sa densité moyenne* est :

$$\frac{355\,500}{112^3} = 0,253,$$

la densité de la Terre étant prise pour unité. Enfin, le poids spécifique de notre planète étant 5,44, d'après la célèbre expérience de Caven-

porte qu'un professeur d'Angers, voulant donner à ses élèves une idée sensible de la grandeur de la Terre comparée à celle du Soleil, imagina de compter le nombre de grains de blé, de grandeur moyenne, contenus dans un litre : il en trouva 10 000. Conséquemment, 14 décalitres doivent en contenir 1 400 000. Ayant alors rassemblé en un tas les 14 décalitres de blé, il mit en regard un seul grain ; puis il dit à ses auditeurs : « Voici la Terre, et voilà le Soleil. »

dish (1), il s'ensuit que *le Soleil n'est guère plus dense que l'eau.*

Taches du Soleil. — Rotation du Soleil sur lui-même.

108. Quand on observe le Soleil, soit au moyen d'une lunette munie de verres colorés, soit même avec un simple verre noirci à la fumée, on remarque assez souvent sur son disque des taches noires dont la disposition est irrégulière. Si l'on continue l'observation pendant plusieurs jours, on reconnaît bientôt qu'une même tache, après avoir apparu sur le bord *oriental* du disque (2), se rapproche du centre, s'avance vers le bord occidental, et enfin disparaît au bout d'environ *quatorze* jours, pour reparaître quatorze jours après avoir disparu. Ce mouvement n'est pas uniforme : sa vitesse, assez faible quand la tache est au bord oriental du disque, s'accélère de plus en plus pour diminuer ensuite. Ces diverses circonstances permettent de supposer que les taches font, jusqu'à un certain point, corps avec le Soleil, et que cet astre a un mouvement de rotation analogue à celui de la Terre, dont la durée *apparente* est de $27^j,3$.

Nous disons la *durée apparente,* parce que la durée *réelle* est inférieure à $27^j,3$. Soit, en effet, a, une tache qui ait passé, à un certain moment, au centre du disque solaire. Au bout de $23^j,3$,

(1) Elle est rapportée dans tous les traités de **Physique.**

(2) C'est-à-dire à la *gauche* de l'observateur.

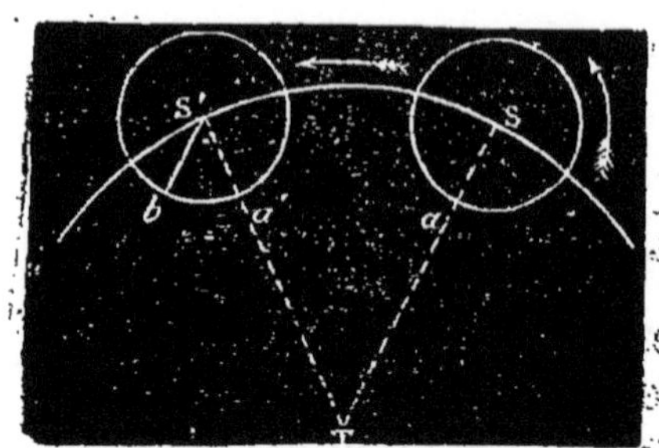

elle sera revenue au centre du disque, en a'. Mais pendant qu'elle a participé au mouvement de rotation du Soleil sur lui-même, celui-ci a tourné autour de la Terre T : il s'est transporté de S en S'. Par conséquent, l'arc décrit par la tache se compose d'une circonférence entière, plus le petit arc ba' obtenu en menant S'b parallèle à SaT.

En discutant les résultats d'un grand nombre d'observations, M. Laugier a trouvé, pour la durée de la rotation du Soleil, $25^j,34$.

Constitution physique du Soleil.

109. L'étude attentive des taches solaires nous permet, jusqu'à un certain point, d'avoir des notions sur la nature du Soleil. En effet, d'après les observations de Fabricius, de Galilée, de Schneider et de William Herschel, voici quels sont les phénomènes présentés par ces taches.

Une tache se compose ordinairement d'un *noyau* parfaitement noir, entouré d'une *pénombre* de teinte grisâtre, qui entoure irrégulièrement le noyau.

D'après Herschel, si l'intensité de la lumière solaire est 1 000,
celle de la pénombre sera 469,
et celle du noyau . . . . 7.

Du reste, les taches ne sont pas permanentes : de jour en jour, ou même d'heure en heure, elles se contractent ou s'élargissent, changent de forme et disparaissent pour reparaître en un autre lieu du disque. Fréquemment, elles font une ou deux révolutions : cependant, la grande tache de 1779 parut pendant six mois, et, en 1840, Schwabe en observa une qui revint *huit* fois. Lorsqu'une tache disparaît, le noyau s'évanouit avant la pénombre. Inversement, avant l'apparition d'un grand noyau, on aperçoit ordinairement, à la place où il va se former, un très petit point noir qui s'élargit peu à peu. Quelquefois une tache se rompt et se partage en plusieurs autres, à peu près comme les scories d'un métal en fusion (1). Tous ces phénomènes, à peine sensibles à la vue simple, se passent néanmoins sur une immense échelle : quand le diamètre apparent d'une tache se réduit à 1 seconde, son diamètre réel est d'environ 744 kilomètres ; et l'on en a vu dont le diamètre dépassait 7 000 kilomètres !

110. La portion du disque solaire que n'occupent pas les taches est loin d'être uniformément brillante. Elle paraît couverte de petits points noirs, ou criblée de *pores* qui, lorsqu'on y regarde attentivement, sont dans une agitation perpétuelle. Indépendamment de ce *pointillé*, la surface est sans cesse sillonnée de *rides* vives et sombres, extrêmement déliées, entre-croisées sous toutes sortes de directions : ces rides ont

---

1) On aurait tort de supposer, d'après cette comparaison, que les taches sont solides : on va voir qu'elles sont dues, très probablement, à de simples *ouvertures* qui se font dans l'atmosphère solaire.

été appelées *lucules*. Enfin, dans les environs des grandes taches, on a souvent observé de vastes espaces plus lumineux que le reste du disque : ces *taches brillantes* portent le nom de *facules*.

111. Les astronomes ont émis un grand nom‧bre d'hypothèses expliquant plus ou moins bien ces circonstances singulières. Voici le système accepté dans ces derniers temps, après les tra‑vaux de W. Herschel et Arago.

Le Soleil se compose d'un noyau solide et obscur, enveloppé de deux couches de nuages, dont l'une, la plus rapprochée du noyau, est peu lumineuse, tandis que l'autre, qui enveloppe la première, est formée de nuages très lumi‑neux (1). Cette couche a reçu le nom de *photo‑sphère*.

« Les taches naissent lorsqu'une cause quel‑conque ayant entr'ouvert les deux enveloppes du Soleil, on voit par l'ouverture le corps obs‑cur intérieur, de même qu'un aéronaute peut apercevoir la partie solide de la Terre par les

---

(1) Le 18 juillet 1860, au moment de l'éclipse to‑tale, M. Petit, directeur de l'Observatoire de Toulou‑se, a vu des *nuages lumineux isolés* du disque. D'après ce savant astronome, « les *pics rosés* des éclipses to‑tales ne seraient autre chose que d'*immenses nuages* de 15 *à* 20 *mille lieues* d'épaisseur, sur des étendues horizontales pouvant atteindre jusqu'à des dimen‑sions de 80 *à* 100 *mille lieues*. » Cette explication des *protubérances colorées* n'est pas généralement adoptée. Plusieurs observateurs (parmi lesquels il suffit de citer MM. Faye et Plantamour) pensent que ces re‑marquables phénomènes sont de *simples jeux de lu‑mière*, de véritables illusions d'optique.

interstices que les nuages laissent entre eux. Si les grandeurs relatives de ces ouvertures laissent apercevoir seulement la partie obscure de l'astre, on a une tache sans pénombre, c'est-à-dire un *noyau*. Si, au contraire, l'ouverture pratiquée dans la photosphère ne se continue pas dans la couche nuageuse, on voit une pénombre, et pas de noyau. Enfin, quand le cône visuel déterminé par l'ouverture de la couche nuageuse est intérieur à celui qui s'appuie sur l'ouverture de la photosphère, l'observateur aperçoit un noyau accompagné d'une pénombre partielle ou totale. »

Si les *éclaircies* qui se produisent ainsi dans les deux couches étaient indépendantes les unes des autres, on ne verrait presque jamais la partie obscure du Soleil, c'est-à-dire que les taches n'auraient généralement pas de noyau. Herschel suppose « qu'un fluide élastique, d'une nature inconnue, se forme incessamment à la surface obscure du Soleil et s'élève dans les hautes régions de l'atmosphère, à cause de sa faible pesanteur spécifique. Quand ce gaz est peu abondant, il engendre de *petites* ouvertures dans la couche inférieure des nuages réfléchissants : ce sont les *pores*.

» Le gaz, en arrivant dans la région des nuages lumineux, est brûlé ou se combine avec d'autres gaz. La lumière résultant de cette action chimique n'est pas également vive partout; de là les *rides*.

» Les nuages lumineux ne se touchent pas parfaitement; les interstices qu'ils laissent entre eux permettent de voir les nuages intérieurs, à l'aide de la réflexion qui s'opère à leur surface. Cette réflexion étant comparativement faible, le Soleil doit paraître peu lumineux dans les régions où elle a lieu. Le mélange de cette faible lumière réfléchie et de la vive lumière émise par les parties élevées des *rides*, doit donner au Soleil une apparence pointillée, tant qu'on n'emploie pas un très fort grossissement.

» Un courant ascendant de gaz, plus fort que les courants générateurs des simples pores, donne naissance à de larges *ouvertures*. Si les nuages lumineux ne cèdent pas tout de suite à l'impulsion de la force qui tend à les séparer, ils s'accumulent près de l'*ouverture*, et il en résulte des facules rondes ou allongées.

» Les courants ascendants les plus intenses diviseront sur une grande étendue l'enveloppe continue que forment les nuages inférieurs. Ils divergeront en continuant à s'élever entre les deux couches, et opéreront dans l'atmosphère lumineuse une éclaircie plus étendue encore. *Dans le voisinage* de cette éclaircie, certaines parties du courant ascendant iront fournir un nouvel aliment à la combustion. De tout cela résulteront des noyaux, des pénombres et des facules. » (Arago, *Annuaire* pour l'an 1842.)

112. *Le Soleil est-il habitable?* — «Herschel croyait que le Soleil est habité. Suivant lui, si la profondeur de l'atmosphère solaire dans laquelle s'opère la réaction chimique lumineuse s'élève à un millier de lieues, il n'est pas nécessaire qu'en chaque point l'éclat surpasse celui d'une aurore boréale ordinaire. » (*Id.*)

CHAPITRE V

DE LA MESURE DU TEMPS.

—

Temps solaires vrai et moyen.

113. *Jour solaire vrai.* — Jusqu'à présent, nous avons pris pour unité le *jour sidéral*, ou le temps qui s'écoule entre deux passages successifs d'une étoile au méridien. Si le Soleil n'avait pas un mouvement propre; si, après avoir passé au méridien, il y revenait au bout de 24 *heures sidérales*, il n'y aurait pas lieu de chercher une autre mesure du temps. Mais il n'en est pas ainsi : la durée de la révolution diurne du Soleil surpasse d'environ 4 minutes le jour sidéral. D'ailleurs, comme cet astre règle toutes nos occupations, il est à peu près indispensable d'évaluer le temps au moyen du *jour solaire vrai*, ou de l'intervalle compris entre deux passages consécutifs du soleil au même méridien.

114. *Inégalités du jour vrai.* — 1° Les observations prouvent que, *du périgée à l'apogée, la vitesse angulaire du Soleil va en diminuant, et qu'elle augmente depuis l'époque de l'apogée jusqu'à celle du périgée. Le Soleil ne décrit donc pas, chaque jour, un même arc de l'écliptique* (1). On conçoit que cette variation dans la vitesse

(1) Le mot *écliptique* signifie ici : *la circonférence que le Soleil paraît décrire sur la sphère céleste.*

du soleil puisse en amener une dans la durée du jour *vrai*.

2° La cause principale de l'inégalité des jours solaires est l'obliquité de l'écliptique : lors même que la vitesse angulaire du Soleil serait constante, la durée du jour vrai ne le serait pas, attendu qu'à des divisions égales de l'écliptique ne répondent pas, en général, des divisions égales de l'équateur.

115. *Jour solaire moyen.* — Puisque le jour solaire vrai n'a pas une durée constante, nos horloges et nos montres, dont le mouvement doit être uniforme, ne peuvent s'accorder constamment avec le Soleil (1). Cependant, il est essentiel que le temps civil, qu'elles indiquent, diffère peu du *temps vrai*. Voici comment les astronomes ont satisfait à cette condition.

Supposons qu'au moment où le Soleil S part du périgée, un *Soleil fictif* S' en parte également, et qu'il parcoure le cercle écliptique d'un *mouvement uniforme*, de manière à revenir au périgée en même temps que le *Soleil vrai*. Au commencement, la vitesse angulaire du Soleil fictif étant moindre que celle du Soleil vrai, le premier astre *retardera*, chaque jour, sur le second. Mais, comme la première vitesse est constante, tandis que la seconde décroît sans cesse,

---

(1) Il n'y a pas encore longtemps, beaucoup de personnes disaient, croyant faire l'éloge de leur montre : *Elle marche comme le Soleil !* Aujourd'hui, les notions astronomiques sont assez vulgarisées pour que tout le monde sache qu'une pareille montre *marcherait* très mal.

le *retard* journalier diminuera de plus en plus, et les deux astres arriveront ensemble à l'apogée. A partir de cette époque, les mêmes choses se reproduiront en sens contraire; c'est-à-dire que le Soleil fictif *avancera* sur le Soleil vrai, jusqu'à ce qu'ils repassent à leur point de départ. Et ainsi de suite.

Si l'écliptique coïncidait avec l'équateur, ce Soleil fictif S' atteindrait le but proposé, car *il ne participe pas aux irrégularités dues au mouvement elliptique du soleil vrai;* mais l'écliptique fait, avec l'équateur, un angle d'environ $23° \frac{1}{2}$: il reste donc à corriger les variations provenant de cette obliquité.

Pour cela, soit un *second Soleil fictif* S'', qui parte de l'équinoxe de printemps avec l'autre Soleil fictif S', et qui parcoure l'équateur avec une vitesse angulaire constante, égale à celle de S'. Cet astre fictif S'', ou ce *Soleil moyen équatorial,* passera au méridien d'un même lieu, après des intervalles de temps qui seront tous égaux : chacun d'eux est ce qu'on appelle le *jour solaire moyen.*

116. *Temps vrai.* — *Temps moyen.* — Indépendamment du *temps sidéral*, on considère donc le *temps vrai*, indiqué par le *Soleil vrai*, et le *temps moyen*, indiqué par le *Soleil moyen*. D'après ce qui précède, il est clair que les horloges et les montres doivent être réglées sur le temps moyen. Par exemple, elles doivent marquer le *midi moyen* et non le *midi vrai* (1).

____

(1) Il est déplorable qu'à Paris il y ait des diffé-

117. *Temps moyen à midi vrai.* — La *Connaissance des Temps* et l'*Annuaire du bureau des Longitudes* donnent, pour chaque jour, l'*heure qu'une montre, réglée sur le temps moyen, doit indiquer à midi vrai;* c'est là ce que signifie cette locution elliptique : *temps moyen à midi vrai.* Le midi vrai et le midi moyen concordent, à fort peu près, quatre fois par an : le 14 avril, le 14 juin, le 1ᵉʳ septembre et le 24 décembre. Pendant le reste de l'année, le Soleil moyen avance ou retarde sur le Soleil vrai, d'une quantité qui peut s'élever presque à 17 minutes, et qui atteint ses maximums le 11 février, le 14 mai, le 26 juillet et le 2 novembre (1).

118. *Commencement du jour civil et du jour astronomique.* — Les Français, les Anglais, les Espagnols, etc., font commencer le jour civil à *minuit,* et ils le partagent en deux périodes de 12 heures. Les astronomes comptent 24 heures entre deux *midis* consécutifs : le commencement du jour astronomique moyen est postérieur de 12 heures au commencement du jour civil. Ainsi, *le 6 mai, à 22 heures,* signifie, en langage ordinaire, *le 7 mai, à 10 heures du matin.*

rences de *plus d'un quart d'heure* entre les indications des horloges publiques. Il ne serait pas bien difficile, cependant, par le moyen de l'électricité, de faire correspondre les principales horloges avec l'Observatoire, ainsi que cela se fait depuis longtemps dans quelques villes d'Europe et d'Amérique.

(1) Ces dates se rapportent à l'année 1860.

Année tropique. — Année sidérale,

119. *Année tropique*. — C'est l'intervalle de temps qui s'écoule entre deux retours consécutifs du Soleil à l'équinoxe de printemps. D'après Delambre, sa durée, à l'époque actuelle, est de 365 242 264 *jours moyens*.

120. *Année sidérale*. — C'est le temps que le Soleil emploie à revenir au même point du ciel. A cause de la *précession des équinoxes*, l'année sidérale est un peu plus longue que l'année tropique.

Considérons, en effet, le mouvement apparent du Soleil vrai sur l'écliptique *circulaire* ABC, dont la Terre occupe le centre T. Soit E la position de l'équinoxe pour une certaine année, c'est-à-dire le *point de l'écliptique dont l'ascension droite et la déclinaison sont nulles*. Au bout d'une *année tropique*, le Soleil passera, de nouveau, de l'hémisphère austral dans l'hémisphère boréal, en sorte que sa déclinaison sera redevenue nulle. Mais son ascension droite, au lieu d'être égale à 360°, sera 360 — 50″,10 : le nouvel équinoxe E' ne coïncidera donc pas avec l'ancien ; et, pour que l'image du Soleil soit revenue dans sa position primitive E, il lui faudra parcourir le

petit arc E'E, égal à 50″,10. Le temps employé

par le rayon vecteur TE′ à décrire l'angle E′TE constitue l'*excès* ε *de l'année sidérale sur l'année tropique.* On a trouvé

$$\varepsilon = 0{,}014\ 119.$$

Conséquemment,

Année sidérale $= 365{,}256\ 383$ jours moyens.

Du Calendrier.

121. On donne en général le nom de *calendrier* à un tableau contenant la répartition d'une ou de plusieurs années *civiles*, en jours, semaines et mois, et l'indication des principaux phénomènes astronomiques qui peuvent intéresser la société (1). Dans beaucoup de contrées, le calendrier donne, en outre, les dates des principales fêtes catholiques.

122. *Longueur de l'année civile.* — La partie capitale, dans un calendrier, est la fixation du nombre de jours compris dans l'année civile. Comme l'année tropique ne contient pas un nombre exact de jours moyens ; comme *son excès sur* 365 *de ces jours est, très probablement, incommensurable,* il a fallu, de toute nécessité, faire l'année civile plus longue ou plus courte que l'année tropique ; de là les calendriers *égyptien, julien, grégorien, etc.*

123. *Calendrier égyptien.* — On pense que les Egyptiens firent primitivement usage d'une

____

(1) Il serait plus exact d'appeler *annuaires* ces tableaux vulgairement connus sous le nom d'*almanachs*, et de réserver le nom de *calendrier* à l'ensemble des règles qui permettent de dresser un annuaire.

année de 360 jours, partagée en 12 mois de 30 jours chacun. Comme elle différait de l'année tropique d'environ 5 jours et un quart, l'équinoxe de printemps se trouvait, chaque année, *en retard* de 5ʲ¼ sur la date à laquelle il était tombé l'année précédente. Au bout d'environ 70 ans, ce phénomène astronomique, après être arrivé successivement *à 70 dates différentes*, recommençait à la date primitive.

124. *Année romaine.* — « L'année romaine se composait, sous Romulus, de 304 jours. Sous Numa, elle fut portée à 355 jours. Après l'introduction du mois intercalaire *mercedonius*, elle fut de 356.

» De là, un désaccord toujours croissant entre le commencement de l'année civile et celui de l'année astronomique, malgré le mois mercédonius créé tout exprès pour remédier à cet inconvénient. »

125. *Calendrier Julien.* — « Jules César résolut de porter remède à tous ces désordres, et d'établir une intercallation régulière, invariable, exempte d'arbitraire, qui les prévînt à l'avenir. Un astronome égyptien, Sosigène, lui prêta son concours, et leur travail commun conduisit à ce qu'on est convenu d'appeler *réformation julienne.* »

César assigna à l'an 708 de Rome une durée de 445 jours. Ces 445 jours se composèrent de l'année ordinaire, d'un mercédonius de 23 jours et de deux mois intercalaires, l'un de 33 jours, l'autre de 34, qui furent placés entre novembre et décembre.

» L'année où s'opéra cette réforme s'appela l'*année de confusion*. C'est la quarante-sixième avant notre ère.

» La réforme julienne fixa la longueur de l'année astronomique à 365^j,25. Le mercédonius disparut, et les jours dont on eut alors à disposer furent répartis de manière à choquer le moins possible les idées et les préjugés des Romains. Ainsi, février conserva ses 28 jours : en lui en donnant 30, on eût cru compromettre le salut de l'Etat.

» Il y avait dans ce mois un sixième jour avant les calendes de mars, un jour qu'on appelait *sexto calendas*, dans lequel on célébrait la fête du régifuge, instituée en mémoire de l'expulsion de Tarquin. C'est entre ce jour et la veille qu'on plaça le jour intercalaire, sous le nom de *bis sexto calendas*. De là le nom de *bissextile* donné aux années de 366 jours. » (ARAGO, *Annuaire* pour l'année 1851.)

126. *Calendrier grégorien.* — Nous venons de voir que la *réforme julienne* supposait l'année moyenne égale à 365,25 jours moyens, tandis qu'elle se compose de 365^j,242 264.

L'année civile, au lieu d'être plus courte que l'année tropique, comme dans le calendrier égyptien, était plus longue que celle-ci de 0^j,007 736. Cette légère erreur, en s'accumulant, en produisait une d'environ 1 jour au bout de 129 ans ; de sorte que l'équinoxe de printemps, fixé au 21 mars par le concile de Nicée (en 325), arrivait, le 20 mars en l'an 454, le 19 mars en l'an 583 ; et ainsi de suite. Vers la fin du quinzième siècle, l'*avance* de l'année civile sur l'année tropique s'élevait à 10 jours environ. Le pape Grégoire XIII, auteur de la *réforme grégorienne*, ordonna donc que le *lendemain du 4 octobre* 1582 s'appellerait le 15 *octobre* (1). Il ordonna, en outre, que toutes les années dont le *millésime* est divisible par 4 seraient bissextiles, à l'exception des années *séculaires* dont le millésime n'est pas divisible par 400. Ainsi, les années 1584, 1588, ..., 1600, 1604, ..., 1696, 1704, ..., 1796, 1804, ..., 1856 ont été bissextiles ; 1700 et 1800 ont été des années *communes :* il en sera de même à l'égard de 1900 ; mais l'année 2000 sera bissextile.

127. Il est bien facile, d'après ces règles, de trouver quelle est la valeur moyenne de l'année grégorienne. En effet, en 400 ans, il y a 100 — 3 années bissextiles, tandis qu'il y en avait 100 dans le calendrier julien. Le nombre de jours moyens compris dans ces 400 années est donc

$$365 . 400 + 97 ;$$

d'où résulte que

$$\text{l'an. moyenne} = 365^j + \frac{97}{400} = 365\ 2425^j \text{ moyens.}$$

En comparant cette dernière valeur à la longueur de l'année tropique, donnée par Delambre,

(1) Dans l'ordonnance de Henri III, *publiée à son de trompe* le 10 novembre 1582 (*vieux style*), on lit : « *Nous voulons et ordônons qu'estant le neufième iour du mois de Decembre prochain expiré, le lendemain que l'on compteroit le dixième, soit tenu et nombré par tous les endroits de nostre Royaume, le vingtième iour dudit mois,* le lendemain vingt-unième..... »

on voit que le calendrier grégorien commet encore une petite erreur, en *plus*, égale à $0^j,000236$. Cette erreur, si elle existe réellement, est tout à fait négligeable : elle ne produirait, en 4000 ans, qu'une *avance* d'un jour.

128. La réforme grégorienne fut adoptée, successivement,

A *Rome*, le $\dfrac{5^{(1)}}{15}$ octobre 1582 ;

En *France*, le $\dfrac{10}{20}$ décembre 1582 ;

En *Allemagne*, dans les pays catholiques, en 1584 ; et dans les pays protestants, en 1600, le $\dfrac{19 \text{ février}}{1^{er} \text{ mars}}$;

En *Pologne*, en 1586 ;

En *Danemark*, en *Suède*, en *Suisse*, au commencement du dix-septième siècle ;

Enfin, en *Angleterre*, le $\dfrac{3}{14}$ septembre 1752.

Les Russes se servent encore du calendrier julien. La discordance entre le *vieux style* et le *nouveau style* s'élève, à présent, à 12 jours.

129. *Calendrier républicain.* — Dans le calendrier julien et dans le calendrier grégorien, le mois de février a 28 ou 29 jours, et les autres mois sont composés, tantôt de 30 jours, tantôt de

______

(1) Quand une date est indiquée de cette manière, le nombre supérieur se rapporte au *vieux style*, c'est-à-dire au calendrier julien, et le nombre inférieur au *nouveau style*.

31 jours (1). De plus, les noms servant à désigner les mois rappellent, pour la plupart, un culte qui a fait son temps, ou bien ils désignent un rang différent du leur (2). Enfin, les noms des jours de la semaine portent, encore plus que les noms des mois, l'empreinte du paganisme et de l'astrologie (3).

Le Conventionnel *Romme* proposa d'abolir toutes ces anciennes dénominations; de faire commencer l'année à l'équinoxe d'automne; de prendre pour *ère* la proclamation de la République (4); et de partager l'année en 12 mois de 30 jours, suivis de 5 ou de 6 jours *complémen-*

(1) Le procédé mnémotechnique suivant sert à trouver quels sont les mois de 30 jours et quels sont ceux de 31 jours. On *donne* aux doigts de la même main (abstraction faite du pouce) et aux vides qui les séparent, les noms de *janvier, février, mars, ...,* en commençant par l'index. Tous les mois qui répondent à un doigt ont 31 jours; les autres, à l'exception de février, n'en ont que 30.

(2) *Janvier* tire son nom de *Janus* (Januarius);
    Février vient *peut-être* de *Februo*, le dieu des
      morts;
    Mars était consacré au dieu de ce nom;
    Mai était consacré à *Maïa*, la mère de Mercure;
    Septembre, octobre, novembre et *décembre* sont
      ainsi nommés, parce que, dans le *calendrier*
      de Romulus, ils occupaient respectivement le
      septième, le huitième, le neuvième et le dixiè-
      me rang.

(3) Tout le monde sait que *lundi* signifie *jour de la Lune*; *mardi, jour de Mars*; *mercredi, jour de Mercure*; *jeudi, jour de Jupiter*; *vendredi, jour de Vénus*; *samedi, jour de Saturne*; *dimanche, jour du Seigneur.*

(4) Le 22 septembre 1792

taires. De plus, chaque mois devait être composé de trois *décades.*

130. Dans le *calendrier républicain*, qui fut en usage du 6 octobre 1793 au 1er janvier 1806, les noms des mois étaient les suivants :

> *Vendémiaire, Brumaire, Frimaire;*
> *Nivôse, Pluviôse, Ventôse;*
> *Germinal, Floréal, Prairial;*
> *Messidor, Thermidor, Fructidor.*

Ces dénominations, très euphoniques, avaient l'avantage de rappeler, tout à la fois, l'état de l'atmosphère ou celui de la végétation, et la saison à laquelle appartenait le mois : malheureusement, elles ne s'accordaient qu'avec le climat de la France (1). Quant aux jours de la *décade*, ils étaient désignés par *primidi, duodi, tridi,* etc.

(1) On a beaucoup trop insisté sur cet inconvénient du calendrier de Romme, inconvénient bien faible quand on le compare aux nombreux défauts du calendrier grégorien. Pourquoi persister à donner au *douzième* mois le nom de *décembre?* Pourquoi, en plein dix-neuvième siècle, les mois ou les jours portent-ils encore les noms de *Janus,* de *Maïa,* de *Mars,* de *Mercure,* etc.? Pourquoi faire commencer l'année au 1er janvier? Charles IX, qui introduisit cette *réforme,* n'était probablement pas guidé par des motifs scientifiques ; et d'ailleurs le moment du périgée est encore plus difficile à préciser que celui de l'équinoxe.

Le reproche le plus fondé que l'on puisse adresser au dernier réformateur du calendrier est d'avoir fait la semaine *trop longue* : la période de *sept* jours, en usage chez les Juifs, les Egyptiens et les Arabes, et introduite en Occident vers le troisième siècle, était trop profondément entrée dans les habitudes pour qu'il fût possible d'y ajouter *trois jours.*

CHAPITRE VI

PHÉNOMÈNES DUS AU MOUVEMENT APPARENT DU SOLEIL. —
TRANSLATION DE LA TERRE AUTOUR DE CET ASTRE.

Du jour et de la nuit.

131. La Terre étant fort petite relativement à sa distance au Soleil, les rayons lumineux émanés de cet astre et éclairant notre planète, peuvent, sans grande erreur, être supposés parallèles à la droite menée du centre du Soleil au centre de la Terre (1). Ceux de ces rayons qui *touchent* seulement la sphère terrestre déterminent, sur sa surface, la *ligne de séparation* entre la partie éclairée et la partie obscure. D'après l'hypothèse précédente : 1° *le lieu de ces rayons tangents est un cylindre circonscrit à la sphère terrestre; 2° la ligne de séparation d'ombre et de lumière est une circonférence de grand cercle; 3° à chaque instant un hémisphère terrestre est éclairé par le Soleil, tandis que l'autre hémisphère est obscur.*

Cela posé, on dit qu'il fait *jour* (2) ou qu'il fait *nuit* en un lieu déterminé du globe, et à un instant donné, suivant que ce lieu appartient à l'hémisphère éclairé ou obscur en cet instant.

(1) On verra plus loin que, dans la théorie des éclipses, on ne peut plus supposer les rayons solaires parallèles entre eux.

(2) Il est à peine nécessaire de faire observer que le mot *jour* est pris ici avec une acception toute différente de celle que nous lui avons attribuée jusqu'à présent.

132. Si l'écliptique n'était pas inclinée sur l'équateur terrestre, c'est-à-dire si le Soleil était toujours dans le plan de ce dernier cercle, le *jour* serait constamment égal à la *nuit* dans tous les lieux de la Terre. Partout le Soleil se *lèverait* à 6 heures du matin (temps moyen), et se *coucherait* à 6 heures du soir. Mais, par suite de l'obliquité de l'écliptique, le Soleil se comporte, à l'égard d'un lieu déterminé, absolument comme les étoiles : suivant que sa déclinaison est boréale ou australe, il reste au-dessus de l'horizon pendant plus ou moins de 12 heures (1). Dans le premier cas, *le jour est plus long que la nuit;* dans le cas contraire, *la nuit est plus longue que le jour.*

133. Afin de voir comment la déclinaison du Soleil et la latitude λ du lieu considéré influent

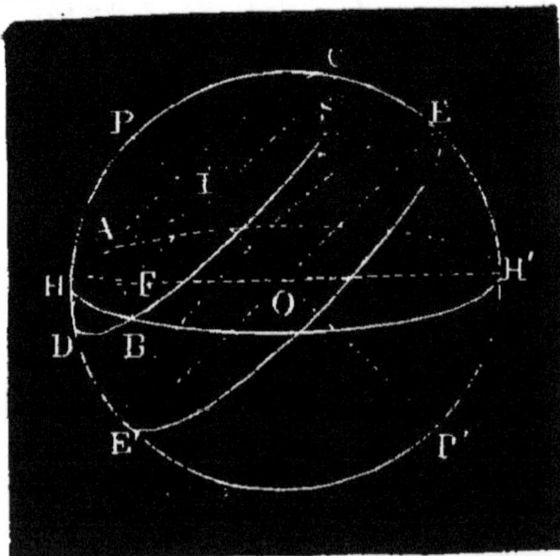

sur la durée du jour et de la nuit ; soient, comme dans les numéros **43** et suivants : O le centre de la sphère céleste, HH' le cercle d'horizon, PP' l'axe du monde, EE' l'équateur. Soit, en outre, CD le parallèle que semble décrire le Soleil S, quand sa déclination est CE.

<hr>

(1) On suppose que le lieu considéré appartient à l'hémisphère *nord.* Pour tout point de l'autre hémi-

Pour l'observateur placé au point C, le Soleil s'est levé dans la direction OA; sa hauteur au-dessus de l'horizon a augmenté jusqu'à midi, moment où l'astre a rencontré en C le méridien PEP'E'; ensuite elle a diminué; enfin le Soleil s'est couché dans la direction OB.

Il résulte évidemment de là qu'*en négligeant le rayon de la Terre*, la durée du jour et celle de la nuit sont proportionnelles à l'arc *visible* ACB et à l'arc *invisible* BDA. *Quand ces deux arcs sont égaux entre eux, le jour est égal à la nuit.* Or, le parallèle ACDB ne peut être partagé en deux parties égales par l'horizon HH' que dans deux cas : 1° lorsqu'il se confond avec l'équateur céleste ; 2° quand ce parallèle est perpendiculaire à l'horizon HH'. Ainsi : 1° *aux moments des équinoxes, le jour est égal à la nuit, dans tous les lieux de la Terre ;* 2° *en un point quelconque de l'équateur terrestre, le jour et la nuit sont constamment de 12 heures.*

134. Du 21 mars au 22 juin, la déclinaison CE du Soleil va en augmentant; donc l'arc visible ACB augmente aussi dans le même laps de temps; et, par suite, *la durée du jour, en un lieu quelconque de l'hémisphère boréal, croît depuis l'équinoxe de printemps jusqu'au solstice d'été.* Passé cette dernière époque, les mêmes choses se reproduisent en sens contraire.

135. La figure précédente suppose le parallèle ACDB coupé par l'horizon HH', ou CE $<$ HE',

sphère, le jour est plus long ou plus court que la nuit, selon que la déclinaison du Soleil est australe ou boréale.

ou enfin $d < 90° — \lambda$. Quand il n'en est plus ainsi, c'est-à-dire *quand la latitude du lieu est supérieure au complément de la déclinaison du Soleil*, il n'y a plus de nuit proprement dite : *le Soleil reste sur l'horizon pendant plus de vingt-quatre heures*. Ce phénomène a lieu, *le jour du solstice*, pour les points appartenant au cercle polaire arctique, ou dont la latitude est 66° 32′ 30″. Les contrées situées entre le cercle polaire et le pôle voient le Soleil pendant plusieurs *jours*, plusieurs semaines ou plusieurs mois, à mesure qu'elles appartiennent à des latitudes plus élevées. Au pôle même, le jour proprement dit dure six mois, après lesquels vient une nuit de six mois, nuit qui serait absolue, si les réfractions atmosphériques, les aurores boréales et la Lune ne venaient jeter quelques lueurs dans ces tristes contrées.

Lumière diffuse. — Crépuscule.

136. *Lumière diffuse.* — On donne ce nom a la partie de la lumière *solaire* qui nous fait apercevoir les objets, quand ils ne reçoivent pas *directement* les rayons du Soleil. Une expérience très simple démontre que la lumière diffuse provient des réflexions successives éprouvées par ces rayons, soit à la surface des corps tenus en suspension dans l'atmosphère, soit même à la surface des molécules d'air.

Si un rayon lumineux pénètre dans une chambre obscure, par une petite ouverture convenablement disposée, l'intérieur de la chambre sera tout de suite assez illuminé pour qu'on puisse discerner les objets qui s'y trouvent. On ne peut attribuer ce phénomène à une réflexion sur les parois de la chambre, car il subsiste lors même qu'on *laisse sortir* le rayon par une ouverture opposée à la première. En outre, si ce rayon n'était pas réfléchi dans tous les sens par les atomes d'air, par les grains de poussière, etc., il devrait être invisible pour tout œil non placé sur sa direction; et il arrive, au contraire, que, d'un point quelconque de la chambre, on l'aperçoit sous la forme d'une traînée lumineuse, sensiblement rectiligne, dans laquelle voltigent, comme autant de brillants météores, ces grains de poussière toujours flottants dans l'air, mais invisibles à la *lumière diffuse*.

137. Si l'atmosphère terrestre n'existait pas, ou seulement si ses molécules cessaient de réfléchir la lumière, nous serions totalement privés des spectacles grandioses que nous présentent le lever et le coucher du Soleil. En un lieu quelconque, il ferait nuit aussitôt que l'astre radieux serait descendu sous l'horizon, et le jour le plus éclatant serait remplacé, presque sans transition, par l'*obscure clarté des étoiles* : la disparition de la lumière serait effectuée en quelques minutes (1). Pendant le *jour*, les objets *directement* éclairés par le Soleil ou recevant un peu de la lumière réfléchie à la surface du sol et des bâtiments, seraient seuls visibles : encore faudrait-il qu'ils pussent envoyer des rayons vers

(1) Si le Soleil descendait *verticalement* sous l'horizon, *deux minutes* suffiraient, puisque le diamètre du disque est d'environ un demi-degré.

l'œil du spectateur. Ceux de ces objets sur lesquels se projetterait une ombre quelconque seraient plongés dans une complète obscurité. Le disque du Soleil, brillant au milieu d'un ciel *noir* sur lequel se détacheraient continuellement les planètes et les étoiles, aurait un éclat dangereux pour la vue, mais fort instable : le moindre nuage, venant à passer, plongerait dans une obscurité soudaine les lieux qui, l'instant d'avant, étaient exposés à une trop vive lumière. La nature entière, au lieu de continuer à charmer nos yeux, ne nous présenterait plus que le contraste monotone et fatigant du jour complet et de la nuit complète.

138. *Crépuscule.* — Cette lumière *douteuse* qui précède le lever du Soleil et qui suit son coucher est due, aussi bien que la lumière diffuse, aux réflexions atmosphériques.

Soient CAB la surface de la Terre et C'A'B la *limite* de l'atmosphère. Soit HH' l'horizon d'un lieu A. Quand le Soleil S, couché pour le point A,

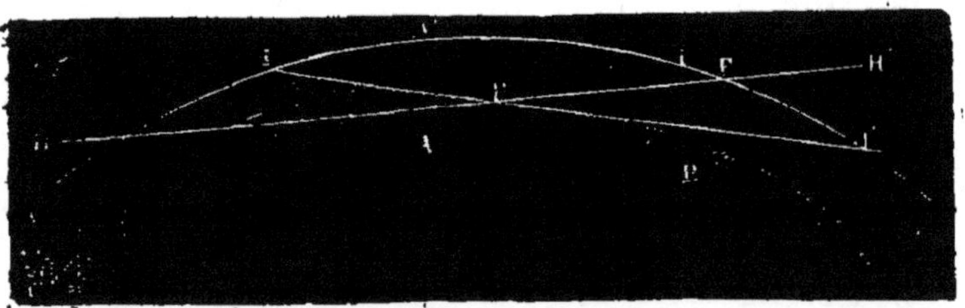

est arrivé sur l'horizon II' du point B, il éclaire tout le segment IA'B'I'B (1). La partie IA'B'FE

(1) Pour simplifier, nous faisons abstraction du phénomène de la réfraction.

de ce segment, située au-dessus de HH', peut envoyer les rayons lumineux vers le point A : à mesure que le Soleil descend, cette partie lumineuse diminue ; le lieu A est de moins en moins éclairé, et il sera plongé dans une obscurité complète après que le Soleil aura cessé d'illuminer l'intersection F du plan d'horizon HH' avec la limite de l'atmosphère (1). En même temps, si le ciel est très pur, on aperçoit la *courbe crépusculaire* suivant laquelle l'*horizon variable* IBI' coupe cette même limite. Cette courbe, d'abord située à l'horizon, s'élève peu à peu ; et, quand son point culminant atteint de nouveau l'horizon, le crépuscule cesse, il fait nuit. L'observation apprend que la nuit commence quand le Soleil est à 18° au-dessous de l'horizon, c'est-à-dire quand l'angle SEH' est de 18°. On déduit de là, pour la hauteur de l'atmosphère, environ 79 *kilomètres* (2).

139. *Durée du crépuscule.* — Puisque le crépuscule cesse quand le Soleil est à 18° au-dessous de l'horizon, on peut obtenir sa durée, à une époque quelconque, en cherchant quelle est la partie du parallèle décrit par le Soleil, comprise entre le cercle d'horizon et un petit cercle situé à 18° de ce dernier. L'arc obtenu, réduit en temps, est la durée cherchée. A Paris, au mo-

---

(1) Le lecteur doit comprendre que ce sont là des *à peu près*. Une théorie un peu complète dépasserait, non-seulement les bornes de ce livre, mais encore les limites actuelles de la science.

(2) Par d'autres considérations, M. Biot a trouvé cette hauteur égale à 59 kilomètres seulement.

ment du solstice d'été, le crépuscule dure depuis le coucher du Soleil jusqu'à son lever ; il n'y a donc pas alors de nuit véritable.

Des saisons.

140. Les saisons sont les quatre parties, *presque égales*, dans lesquelles on divise l'année tropique, et qui commencent aux deux équinoxes et aux deux solstices. Dans un même lieu, les phénomènes météorologiques diffèrent d'une saison à une autre : mais ils se reproduisent à peu près périodiquement chaque année : de là l'expression de *vicissitude des saisons*.

141. La vicissitude des saisons en un lieu donné, ou le *climat* de ce lieu, dépend principalement des deux causes suivantes : 1° la hauteur du Soleil au-dessus de l'horizon ; 2° la longueur du jour.

Pour reconnaître l'influence de la première cause, il suffit de se rappeler que : *La quantité de chaleur absorbée par une surface augmente avec l'angle formé par les rayons calorifiques et la surface.* Par conséquent, et toutes choses égales d'ailleurs, la température doit être plus élevée dans les régions équatoriales, qui peuvent avoir le Soleil à leur zénith, que dans le reste du globe. Au contraire, les lieux situés près du pôle, lors même qu'ils voient le Soleil, reçoivent ses rayons sous un angle presque nul : leur température doit donc être très faible. Entre ces deux limites extrêmes, la quantité de chaleur absorbée par le sol doit aller en diminuant, de l'équateur aux pôles.

En un même lieu, et dans le courant d'une année, des phénomènes analogues se produisent. Ainsi, à l'équateur, la hauteur méridienne du Soleil, ou l'angle sous lequel ses rayons frappent la surface du sol, varie entre 66° ½ *nord* et 66° ½ *sud*; elle est égale à 90° aux moments des équinoxes. A Paris, le même angle atteint 64° 37' le jour du solstice d'été : il n'est plus que de 17° 42' à l'autre solstice. Enfin, au pôle boréal, la hauteur du Soleil varie, en six mois, entre 0° et 23° 27'. Sur l'hémisphère austral, les mêmes choses ont lieu, mais dans un ordre inverse : l'obliquité des rayons solaires atteint son maximum le 22 juin, et son minimum le 22 décembre.

142. La température de chaque lieu dépend surtout de la longueur du jour, c'est-à-dire du temps pendant lequel le Soleil reste au-dessus de l'horizon. Quand il fait *jour*, ce lieu reçoit de la chaleur; dès qu'il fait *nuit*, il en perd, par suite du rayonnement vers les espaces célestes; et toutes les quantités de chaleur reçues ou perdues ainsi dans le courant de l'année produisent ce qu'on appelle la *température moyenne*. On conçoit qu'elle doit s'écarter d'autant plus des *températures extrêmes*, que la durée du plus long jour ou de la plus longue nuit s'éloigne plus de 12 heures. Aussi, dans les contrées équatoriales, à Cumana par exemple, la température moyenne de l'année diffère très peu des températures moyennes du mois le plus chaud et du mois le plus froid. Au contraire, près du pôle, on voit des chaleurs insupportables succéder à un hiver long et rigoureux.

Inégales durées des saisons.

143. Les quatre périodes dans lesquelles on partage l'année ne sont pas composées d'un même nombre de jours. Pour comprendre la raison de cette inégalité, considérons l'orbite solaire AcPa, dont la Terre T est un foyer. Soient

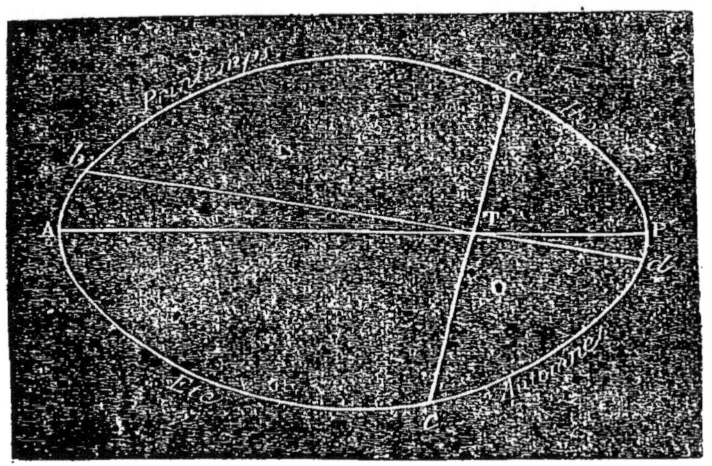

ac la ligne des équinoxes, et bd celle des solstices, lesquelles sont perpendiculaires l'une à l'autre. D'après la deuxième loi de Kepler, les temps employés par le Soleil à parcourir les quatre secteurs aTb, bTc,... sont proportionnels aux aires correspondantes. Or, il résulte, de l'excentricité de l'ellipse, que ces quatre secteurs, rangés par ordre de grandeur décroissante, sont :

$$c\text{T}b, \ b\text{T}a, \ c\text{T}d, \ d\text{T}a.$$

Autrement dit, les quatre saisons, rangées dans

le même ordre, sont l'été, le printemps, l'automne, l'hiver.

Mouvement de la Terre autour du Soleil.

144. Jusqu'ici, nous avons supposé que l'axe de la Terre est immobile dans l'espace, et que le Soleil décrit en un an, autour du centre de la Terre, une courbe presque circulaire, dont les demi-axes sont égaux à 24 068 rayons terrestres, environ. Il s'agit, à présent, d'examiner si en effet le Soleil tourne autour de la Terre, ou si c'est le contraire qui a lieu.

Or, les raisons qui ont fait adopter l'hypothèse du mouvement de rotation diurne de la Terre peuvent être invoquées (avec moins de force, il est vrai) en faveur de son mouvement de translation. Il paraît, en effet, difficile de concevoir que de deux corps, d'ont l'un est *quatorze cent mille fois* aussi gros que l'autre, ce soit le premier qui tourne autour du second : si cette rotation était due à une *impulsion initiale*, combinée avec une *force attractive* émanant du corps immobile, et empêchant l'autre corps de se mouvoir en ligne droite, quelle ne devrait pas être l'intensité d'une pareille force !

145. Un exemple matériel fera mieux comprendre cette première preuve du mouvement de translation de la Terre.

Supposons que, sur une table de marbre poli dont la surface soit plane et horizontale, on lance deux billes d'ivoire de même grosseur, retenues l'une à l'autre par un cordon. On verra ces deux corps tourner, à peu près de la même manière, autour du milieu du cordon, c'est-à-dire autour du *centre de gravité* (1) du système ; de plus, le mouvement de ce centre sera sensiblement rectiligne.

Remplaçons l'une des billes par un boulet de fer, et l'autre par une balle de liége : le centre de gravité du système partagera, en *parties inversement proportionnelles* aux poids des deux corps, la droite qui joint leurs centres de gravité respectifs (2) ; il se confond donc, pour ainsi dire, avec le centre du boulet ; et, si nous recommençons l'expérience, le dernier corps se mouvra lentement en ligne droite, tandis que la balle tournera autour de lui.

Substituons, par la pensée, le Soleil au boulet et la Terre à la balle de liége : le centre de gravité du système des deux corps sera dans l'*intérieur* du Soleil, à une distance de son centre de figure à peu près égale à $\frac{1}{1654}$ du rayon solaire. Cela posé, admettons que ces deux corps aient été *lancés* dans l'espace ; et, à la place du lien grossier dont nous parlions tout à l'heure, faisons

(1) Le *centre de gravité* d'un corps est *un point* où l'on peut suposer que *tout le poids du corps est condensé*. Il résulte, de cette définition, que si le corps est suspendu par un fil, *la direction du fil passe par le centre de gravité*, quel que soit le point d'attache du fil et du corps.

(2) Supposons, pour fixer les idées, que le boulet pèse 10 kilogrammes, la balle de liége 1 gramme, et que la distance des centres soit égale à 1 mètre. Partageons cette longueur de 1 mètre en 10,001 parties égales : le premier point de division, *à partir du centre du boulet*, sera le centre de gravité du système des deux sphères.

intervenir la *pesanteur universelle* : il arrivera que le Soleil, dont le mouvement dans l'espace sera sensiblement rectiligne et uniforme (1), pourra être supposé en repos relativement à la Terre, laquelle tournera autour du Soleil.

146. Du reste, le mouvement de translation de la Terre est une conséquence toute naturelle de son mouvement de rotation. En effet, la Mécanique enseigne que ces deux sortes de mouvements sont presque toujours coexistants : il faut des circonstances toutes particulières pour qu'un corps tourne sur lui-même sans décrire en même temps des cercles ou des spirales. La *toupie* offre une remarquable démonstration de ce principe : au moyen d'une seule impulsion, on la fait tourner autour de son axe, pendant que sa pointe décrit les courbes dont nous venons de parler.

147. Indépendamment de ces preuves théoriques, sur lesquelles nous ne pouvons insister davantage, il existe, pour ainsi dire, des preuves *de fait*, du mouvement de translation de la Terre. Parmi celles-ci, l'on peut citer, en première ligne, le phénomène curieux appelé *Aberration de la lumière*, dont nous donnerons l'explication tout à l'heure. Quoi qu'il en soit, nous admettrons ce mouvement, en le regardant

(1) Ce mouvement rectiligne du Soleil, qui ne paraît être ici qu'une pure hypothèse, est conforme à la réalité : Suivant W. Herschel, Argelander et Struve, le centre de *notre système planétaire* se dirige vers l'étoile λ d'Hercule, avec une vitesse qui lui fait parcourir, chaque jour, un espace égal aux $\frac{22}{5}$ du rayon de l'orbite terrestre, c'est-à-dire **7 817** kilomètres par seconde !

comme suffisamment démontré ; et, pour ne laisser aucune obscurité dans l'esprit du lecteur, nous le définirons ainsi qu'il suit :

148. ABCD étant une ellipse dont le Soleil occupe un foyer, le centre de la Terre T parcourt cette courbe, dans le sens indiqué par la flèche f,

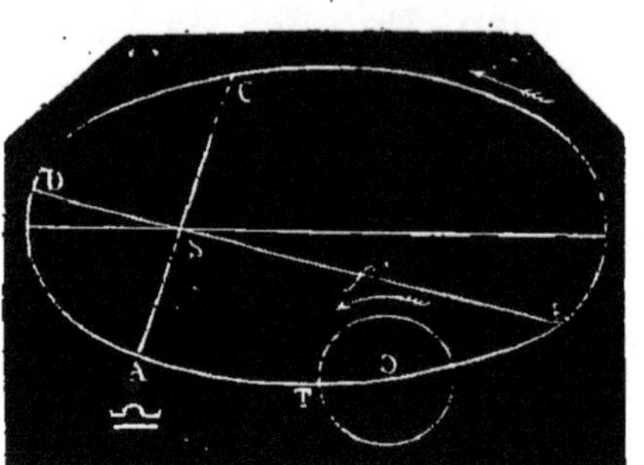

de manière que le *pôle nord* soit *au-dessus* du plan de l'orbite, supposé horizontal, pour fixer les idées. Ce plan est l'*écliptique*. En même temps que la Terre tourne ainsi autour du Soleil, elle tourne sur elle-même, dans le sens indiqué par la flèche f'. L'axe de rotation, toujours parallèle à lui-même (1), n'est pas perpendiculaire à l'écliptique : il fait avec ce plan un angle d'environ 66° ½. Enfin, si l'on projette sur l'écliptique la partie *supérieure* de l'axe, cette projection sera dirigée parallèlement à BD ; de telle sorte que, P désignant le pôle nord et O le centre de la Terre, l'angle POS est égal à 66° ½ quand la Terre est en B, et égal à 113° ½ quand elle est en D.

149. D'après le mouvement ainsi défini, si nous imaginons la corde *focale* ASC perpendiculaire à BD, cette droite sera l'intersection de l'é-

____

(1) Nous faisons abstraction, pour un instant, de la *précession* et de la *nutation*.

cliptique et de l'équateur terrestre : ses extrémités A, C indiquent les positions occupées par
la Terre, quand le Soleil est dans l'équateur.
Lorsque le centre de notre globe parcourt l'arc
AB, le plan de l'équateur est *au-dessous* du Soleil,
dont la déclinaison est par conséquent *boréale*.
Cette déclinaison atteint son maximum au moment où la Terre arrive en B; etc.

En résumé, les points A, B, C, D sont les positions du centre de la Terre à l'équinoxe de
printemps, au solstice d'été, à l'équinoxe d'automne et au solstice d'hiver.

150. *Remarque.* — Un observateur qui aurait
les pieds sur le Soleil et la tête dirigée vers l'é-
toile polaire verrait la Terre se transporter de
droite à gauche. Au contraire, les montagnes, les
continents, etc., voisins de l'équateur terrestre,
et visibles pour le spectateur, lui sembleraient
se mouvoir de *gauche à droite.*

151. *Vitesse de translation de la Terre.* — Nous
avons vu que la distance de la Terre au Soleil est
d'environ 153 500 000 kilomètres. Si l'on adopte
cette valeur, et si l'on néglige l'excentricité de
l'orbite, on trouve, pour la longueur l de l'arc
décrit par le centre du globe, en un jour moyen

$$l = 2\ 640\ 500.$$

Ainsi, la Terre parcourt dans l'espace à peu près
2 640 500 *kilomètres par jour.* Cette vitesse
équivaut à 35 *kilomètres par seconde;* elle est
75 fois plus grande que la vitesse de rotation des
points placés à l'équateur.

Aberration de la lumière.

152. Lorsqu'on détermine fréquemment et avec beaucoup de soin la position d'une étoile quelconque sur la sphère céleste, on trouve, contrairement à ce que nous avons supposé jusqu'ici, que cette position n'est pas absolument fixe : *chaque étoile semble décrire, en un an, une petite ellipse*, dont le centre varie quand on passe d'une étoile à une autre. Les grands axes de toutes ces ellipses sont égaux à $40'',51$. Quant à leurs petits axes, ils ont des dimensions variables : égaux à $40'',51$ pour les étoiles situées près du *pôle de l'écliptique*, ils diminuent si la distance polaire augmente, de manière à s'annuler pour les étoiles situées dans le plan de l'écliptique. Enfin, ils sont tous dirigés vers le pôle de l'écliptique.

Tel est, en peu de mots, le phénomène étrange appelé *aberration de la lumière*, ou simplement *aberration*. Le grand astronome Bradley, qui le découvrit en 1727, fit voir que cette espèce de vibration, ou de *libration* des étoiles, absolument inexplicable dans le système de Ptolémée, est une simple illusion d'optique, conséquence toute naturelle du mouvement de la Terre, combiné avec celui de la lumière.

153. Pour le faire voir, nous citerons d'abord quelques exemples des effets produits par les *compositions de mouvements*.

1º Quand un homme, debout et en repos, reste exposé à une *ondée* tombant verticalement, il est abrité par son chapeau ; mais, s'il se met à courir, il reçoit des gouttes de pluie en plein visage. L'effet est le même que si, la personne restant immobile, la pluie fût tombée obliquement.

2° De même, dans un cabriolet en repos, on est garanti de la pluie qui tombe verticalement ; mais, si la voiture est en marche, la partie située au-dessous de la *capote* se présente à la pluie avant que celle-ci ait pu tomber à terre : on recevra donc la pluie, qui semblera tomber obliquement.

3° Supposons qu'une balle tombe du point A, et qu'il y ait en B, pour la recevoir, l'ouverture d'un tube creux et incliné O. Si le tube était im-

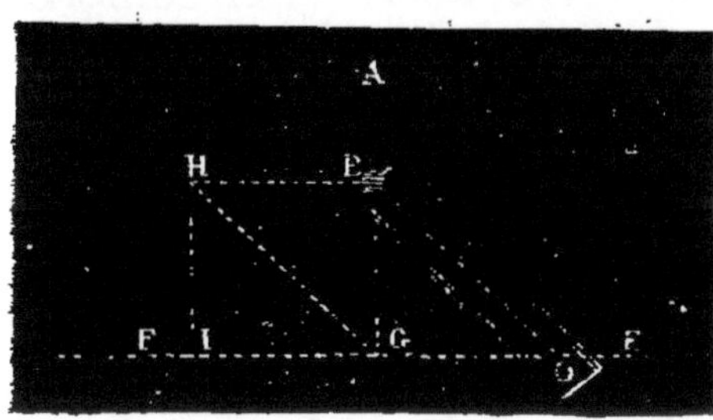

mobile, la balle le frapperait bientôt sur son arête inférieure ; mais, s'il se meut de E vers F, avec une vitesse convenable, en restant toujours parallèle à lui-même, il arrivera que la balle, tout en continuant à se mouvoir *suivant la verticale* BG, sera constamment sur l'axe BO du tube. Si un observateur est entraîné avec ce tube, et qu'il n'ait pas *conscience* du mouvement auquel il participe, il lui semblera, arrivé au point G, que la balle a suivi la direction HG.

154. Remplaçons la balle B par un *atome lumineux*, émané d'une étoile A, et supposons que le tube O soit une lunette animée d'une vitesse qui lui fasse parcourir l'espace OG, quand

l'atome B décrit la droite BG. Il est clair que l'observateur placé en G, au lieu de voir l'étoile dans la direction GA, la verra dans la direction GH : l'angle AGH est la déviation apparente du rayon lumineux, ou *l'angle d'aberration*. De plus, on voit que la droite GH est la diagonale d'un parallélogramme BGIH, dont les côtés GB, GI sont égaux (ou proportionnels) aux *vitesses de la lumière et de l'observateur*.

Cela posé, si la Terre est immobile dans l'espace, une étoile quelconque sera vue, à chaque instant, dans la direction où elle se trouve réellement. Mais si la Terre décrit la circonférence TT'T'' (1) autour du Soleil S, voici ce qui résultera de ce mouvement.

Quand la planète sera en T, l'étoile E ne sera pas vue dans la direction T' *parallèle* à SE (2) ; elle semblera située sur une droite TB, troisième côté du triangle BAT, dans lequel les deux autres côtés AT, AB sont proportionnels et parallèles aux vitesses de la lumière et de la Terre. De même, lorsque celle-ci est en T', l'étoile E, au lieu d'être vue dans la direction TA', paraît située en B' ; et ainsi de suite.

Pour simplifier la construction, prenons SO égale à la vitesse de la lumière ; puis, par le

(1) On peut évidemment, dans cette question, négliger l'excentricité de l'orbite terrestre. Il en est de même pour la *précession des équinoxes*.

(2) En réalité, les deux droites SE, TE forment un angle dont le sommet est à l'étoile ; mais, ainsi qu'on le verra plus loin, cet angle est toujours *inférieur à une demi-seconde*.

point O, menons les droites OC, OC′, OC″,…, pa-

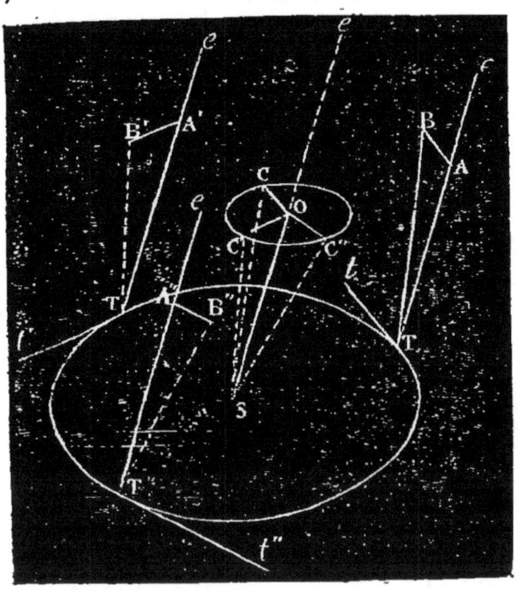

rallèles aux tangentes T*t*, T′*t*′, T″ .. et égales à
la vitesse de la Terre. Le *lieu* des points C, C′,
C″,… est évidemment une circonférence parallèle à l'écliptique, et le *lieu des droites* SC, SC′,
SC″,… respectivement parallèles à TB, T′B′,
T″B″,… *est un cône à base circulaire, dans lequel la droite, menée du sommet au centre de la
base, passe par l'étoile.*

D'après cela, les choses se passeront comme
si la Terre était immobile en S, et que l'étoile dé-
crivît la circonférence CC′C″… D'ailleurs, la *perspective* de cette circonférence, ou l'intersection du
cône SCC′C″… avec la sphère, est, à fort peu près,
une ellipse dont on comprend qu'il est facile de
déterminer les axes, en grandeur et en direction.

155. En procédant à cette détermination, on arrive aux conséquences suivantes : 1° les étoiles situées près du pôle de l'écliptique semblent décrire de petites circonférences ; 2° celles qui se rapprochent de l'écliptique donnent lieu à des ellipses de plus en plus aplaties ; 3° les étoiles situées dans le plan de l'orbite terrestre paraissent décrire de petites lignes droites, etc. C'est précisément ce que l'observation avait appris à Bradley. La magnifique théorie imaginée par ce grand astronome est donc, comme nous l'avons fait pressentir, la preuve la plus irréfragable du mouvement de la Terre autour du Soleil.

Précession des équinoxes.

156. Si, comme nous l'avons supposé plus haut (**143**), l'axe de la Terre était toujours *rigoureusement* parallèle à lui-même, l'intersection du plan de l'écliptique avec un plan mené par le centre du Soleil, perpendiculairement à l'axe de la Terre, aurait une position invariable (1). En d'autres termes, la ligne des équinoxes serait fixe, et *l'année tropique ne différerait pas de l'année sidérale.* Or, nous savons que, dans le courant d'une année tropique, la ligne équinoxiale décrit autour du Soleil un angle de 50″,1. Conséquem-

______

(1) Nous admettons ici que le plan de l'écliptique a une direction absolument fixe dans l'espace. Cette hypothèse n'est pas tout à fait conforme à la réalité, puisque ce plan décrit *en cent ans, autour d'une certaine position moyenne,* un angle dièdre d'environ 48″. Mais cette variation est négligeable relativement à l'objet dont il s'agit.

ment, *l'axe de la Terre, outre son mouvement de translation dans l'espace, a un mouvement de rotation autour de l'axe de l'écliptique.*

157. Pour découvrir la loi de ce mouvement,

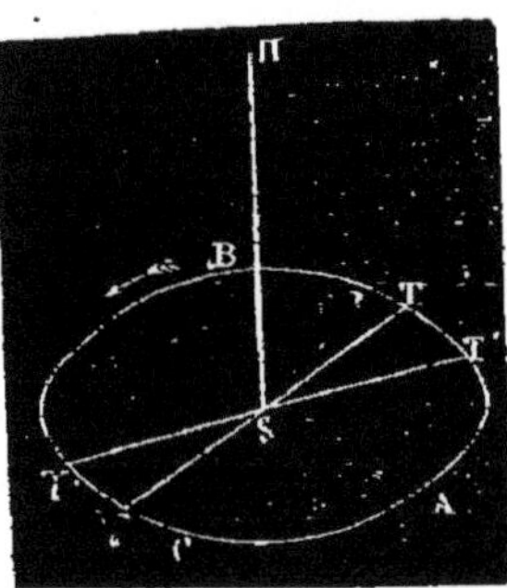

considérons l'écliptique *circulaire* ABC, dont le Soleil occupe le *centre*, et dont $S\pi$ est l'*axe*. Soient T, T' les positions de la Terre à deux équinoxes *vernaux* (1) consécutifs, en sorte que TST' est un angle de 50″,10. Par le point S, menons les droites Sp, Sp', respectivement perpendiculaires à $TS\gamma$, $T'S\gamma'$, et inclinées de 23°27′30″ sur l'axe $S\pi$ de l'écliptique. Sp sera parallèle à l'axe terrestre dans sa première position, et Sp' sera parallèle à la dernière position du même axe. Autrement dit, pendant que la Terre parcourt l'arc TBCAT', égal à 360°—50″,10, son axe tourne, autour de $S\pi$, d'une quantité $p\pi p'$, *mesure de l'angle formé par les plans* πSp, $\pi Sp'$. Or, les plus simples notions de géométrie prouvent que ce dernier angle est mesuré aussi par l'angle plan TST'.

En résumé, dans le courant d'une année tropique, l'axe de l'équateur terrestre tourne, autour de l'axe de l'écliptique, d'une quantité égale à 50″, 10; et *cette rotation a lieu dans un sens contraire à celui du mouvement de la Terre* (2).

(1) On dit, indifféremment, équinoxe de printemps ou équinoxe *vernal*.

(2) Ce *balancement* de l'axe de la Terre est analo-

158. *Durée de la précession.* — A raison de 50″,10 par an, le mouvement de la ligne équinoxiale est de 1° en 71,8 ans, ou de 36° en 25,868 ans (1).

159. *Déplacement du pôle.* — Puisque l'axe de l'équateur tourne autour de l'axe de l'écliptique, le point où l'*axe du monde* rencontre la sphère céleste doit tourner lentement autour du pôle de l'écliptique. C'est ce qui a lieu ; α de la Petite Ourse, que nous appelons l'Etoile polaire, parce qu'elle est seulement à 1° 28′ du pôle de l'équateur, en était éloignée, au temps d'Hipparque, d'environ 12° : pour parler plus exactement, le pôle s'est rapproché de cette étoile. Il s'en rapprochera encore jusqu'à la distance d'environ un demi-degré, après quoi il s'en éloignera pour s'en rapprocher de nouveau dans la suite des siècles.

gue à celui que l'on observe dans le mouvement de la *toupie*. Guidé par cette analogie, M. *Henri Robert* est parvenu, au moyen d'un appareil aussi simple qu'ingénieux, à rendre parfaitement évidente la *théorie géométrique et mécanique de la précession.*

(1) Pôle immobile aux yeux, si lent dans votre course,
Fuyez le char glacé des sept astres de l'Ourse :
Embrassez, dans le cours de vos longs mouvements,
Deux cents siècles entiers par de là six mille ans.

VOLTAIRE.

CHAPITRE VII

DE LA LUNE.

—

Préliminaires.

160. La Lune est, après le Soleil, l'astre qui nous intéresse le plus par sa grandeur apparente, par la clarté qu'il nous envoie périodiquement, par les différents aspects sous lesquels il se présente, enfin par les phénomènes dont il est la cause, tels que les *éclipses*, les *marées*, etc.

Les observations les plus vulgaires démontrent ces trois faits principaux : 1° *La distance de la Lune à la Terre est à peu près constante ;* 2° *la Lune tourne autour de la Terre ;* 3° *la Lune n'est pas lumineuse par elle-même.*

161. 1° *La distance de la Lune à la Terre est à peu près constante.* — Que la Lune soit *pleine*, ou qu'elle apparaisse sous la forme d'un *croissant*, l'angle sous lequel on voit le diamètre de son *arc extérieur* semble toujours à peu près de la même grandeur, du moins quand l'astre n'est pas très près de l'horizon. Puisque le *diamètre apparent* varie entre des limites très rapprochées, il en est de même pour la distance de la Lune à la Terre.

162. 2° *La Lune tourne autour de la Terre.* — Observons la Lune cinq ou six jours après l'époque où elle était *nouvelle*. Nous la verrons, vers 4 heures de l'après-midi, dans la direction du méridien. Le lendemain, il sera près de 5 heures quand elle passera au méridien : ce retard, d'environ 50 minutes, prouve que la Lune s'est avancée d'à peu près 12 degrés *vers l'orient, en sens contraire du mouvement diurne apparent.* Au moment de la *pleine Lune*, l'astre effectue son passage vers minuit; plus tard encore, à l'époque du *dernier quartier*, le passage au méridien a lieu à 6 heures du *matin*, et ainsi de suite : dans une période d'environ 29 jours, qui constitue ce qu'on appelle un *mois lunaire* ou une *lunaison*, le passage au méridien a lieu à toutes les heures de la journée. Conséquemment, la Lune exécute, dans ce même intervalle de temps, une révolution autour de la Terre. Elle est donc un *satellite* de celle-ci, c'est-à-dire qu'elle l'*accompagne* dans son mouvement de translation autour du Soleil. Autrement dit, la Lune est à peu près, à l'égard de la Terre, ce qu'est celle-ci par rapport au Soleil.

163. 3° *La Lune n'est pas lumineuse par elle-même.* — Les différents aspects que nous présente la Lune sont ce qu'on appelle ses *phases.* Sans entrer dans l'explication de ce phénomène, explication qui reviendra bientôt, nous pouvons affirmer, dès à présent, que la Lune n'est pas lumineuse par elle-même, et qu'elle nous envoie seulement de la lumière *solaire*, réfléchie à sa surface. En effet, si le *globe lunaire* avait une lumière qui lui fût propre, son contour apparent, au lieu d'être tantôt un croissant plus ou moins délié, tantôt un demi-cercle, tantôt un cercle entier, aurait toujours cette dernière figure. De plus, suivant que la Lune est dans la direction du

Soleil ou dans la direction opposée, elle est *complétement invisible* ou *complétement visible* : par conséquent, la partie du globe lunaire tournée vers le Soleil est éclairée par cet astre, et l'autre partie est obscure.

Diamètre apparent de la Lune.

164. Il varie entre 29′ 21″,91 et 33′ 31″,07 : sa valeur moyenne est, à fort peu près, 31′7″,0.

165. *Remarque.* — L'écart entre les valeurs extrêmes du diamètre de la Lune s'élève à 4′ 9″,16. Pour le Soleil, cet écart est seulement de 1′ 4″,57. Conséquemment, l'orbite lunaire est plus *excentrique* que celle de la Terre. C'est ce que nous vérifierons bientôt.

Conjonction. — Opposition.

166. Lorsque deux astres ont même *longitude* (1), on dit qu'ils sont en *conjonction* : ils sont en *opposition* quand leurs longitudes diffèrent de 180°. Si les deux autres avaient même *latitude* au moment de leur conjonction, ils seraient alors situés sur une même droite menée du centre de la Terre, ou plutôt l'un d'eux *éclipserait* l'autre. C'est ce qui a lieu, à peu près, pour le Soleil et la Lune : le Soleil est toujours dans le plan de l'écliptique, dont la Lune ne s'écarte jamais beaucoup.

(1) La *longitude* d'une étoile est l'arc d'écliptique compris entre le point équinoxial ♈ et l'arc de grand cercle passant par l'étoile et par le pôle de l'écliptique. La *latitude* de l'étoile est sa distance à l'écliptique, comptée sur ce grand cercle.

Néoménie. — Syzygies. — Quadratures

167. La *néoménie* est l'instant de la *nouvelle Lune*, celui où le Soleil et la Lune sont en conjonction. On désigne à la fois, sous le nom de *syzygies*, la nouvelle Lune et la pleine Lune. Enfin on appelle *quadratures* le *premier* et le *dernier quartier :* la Lune et le Soleil sont en quadratures quand leurs longitudes diffèrent de 90° ou de 270°.

Révolution synodique, révolution sidérale, révolution tropique de la Lune.

168. La *révolution synodique* de la Lune est le temps qui s'écoule entre deux pleines Lunes ou entre deux néoménies successives. Pour déterminer exactement cette durée, on attend le moment d'une éclipse de Lune : le milieu du phénomène coïncide, à fort peu près, avec l'opposition. On fait la même chose quelques années après ; puis on divise, par le nombre des *lunaisons* qui ont eu lieu, le temps compris entre les deux éclipses. Plus il y a d'années écoulées entre les deux observations, plus le résultat est exact.

On a trouvé ainsi, pour la révolution synodique, ou le *mois lunaire*, ou la *lunaison*, 29,530 588 6 *jours solaires moyens.*

169. *Révolution sidérale et révolution tropique.* — Ces deux périodes lunaires sont analogues à l'année sidérale et à l'année tropique. Ainsi, la *révolution tropique* de la Lune est le temps qui s'écoule entre deux retours consécutifs de cet astre au *cercle de longitude* passant

par l'équinoxe de printemps, et la *révolution
sidérale* est le temps qu'emploie la Lune à revenir au même point du ciel. Ces durées seraient
égales entre elles si l'équinoxe de printemps,
origine des longitudes, ne se déplaçait pas sur
l'écliptique. En réalité, la différence est fort petite ; car

$$révolution\ sidérale = 27^j,321\ 662,$$
$$révolution\ tropique = 27^j,321\ 583.$$

170. *Mouvement diurne moyen.* — Puisque
la Lune fait sa révolution sidérale en $27^j,321\ 662$,
si nous divisons 360° par ce dernier nombre,
nous connaîtrons l'arc d'écliptique que l'astre
décrirait en un jour moyen, si son mouvement
était uniforme : c'est ce qu'on peut appeler le
mouvement diurne moyen de la lune. Il est égal
à 13° 10′ 34″,89. Cet arc, étant réduit en temps,
à raison de 1 heure pour 15 degrés, donne
$0^h\ 52^m\ 42^s,33$ pour le *retard diurne moyen de la
Lune sur les étoiles.* Si donc le mouvement propre de la Lune était uniforme, le temps qui
s'écoulerait entre deux passages consécutifs de
cet astre serait $24^h\ 52^m\ 42^s,33$: cette durée est
celle du *jour lunaire moyen.* Comme le mouvement de la Lune est, au contraire, fort irrégu-
lier, les valeurs extrêmes du jour lunaire s'écartent beaucoup de la valeur moyenne : elles sont,
à peu près, $24^h\ 40^m$ et $25^h\ 4^m$.

Orbite sphérique de la Lune.

171. En opérant de la même manière que
pour le Soleil (**88**), on pourra tracer, sur un
globe céleste, la *perspective* de la trajectoire

lunaire, ou *l'orbite sphérique de la Lune*. On trouve ainsi que, dans le cours d'une lunaison, cette courbe sphérique diffère assez peu d'une circonférence de grand cercle dont le plan serait incliné, sur le plan de l'écliptique, de 5° 8' 48".

Ligne des nœuds.

172. On donne ce nom à la droite suivant laquelle le plan de l'orbite lunaire coupe le plan de l'écliptique : les *nœuds* sont les points N, N' où l'*orbite sphérique* rencontre l'écliptique ; on donne aussi ce nom aux points où la véritable trajectoire lunaire rencontre le plan de l'écliptique. Quand la Lune passe de l'hémisphère austral à l'hémisphère boréal, elle atteint son *nœud ascendant* N ; N' est le *nœud descendant*.

Rétrogradation des nœuds.

173. De même que les points équinoxiaux ne restent pas fixes sur l'équateur céleste, les nœuds de la Lune se déplacent sur l'écliptique. Leur mouvement, rétrograde comme celui des équinoxes, est beaucoup plus rapide ; car la ligne des nœuds effectue sa révolution en 6793,39 jours solaires moyens, ou environ 18,6 ans.

Orbite lunaire.

174. En continuant à opérer comme pour le Soleil, on trouve que la courbe décrite par la Lune autour de la Terre est une ellipse dont la Terre occupe un foyer. Seulement, cette ellipse est beaucoup plus excentrique que l'orbite terrestre **(165)**.

175. La deuxième loi de Kepler, qui consiste en ce que les *aires décrites par le rayon vecteur sont proportionnelles aux temps*, s'observe dans le mouvement de la Lune autour de la Terre, comme dans le mouvement de cette dernière autour du Soleil.

176. *Mouvement de la ligne des apsides.* — Le grand axe de l'orbite lunaire, ou la *ligne des apsides*, n'est pas fixe dans son plan : il exécute autour de la Terre, dans le sens du mouvement propre de la Lune, une révolution complète en 3,232, 575 3 jours moyens, ou environ 9 ans.

177. *Forme de l'orbite lunaire.* — On conçoit, d'après cette révolution de la ligne des apsides, jointe à la révolution synodique des nœuds, combien doit être compliquée l'orbite lunaire, même quand on suppose la Terre fixe, afin de ne considérer que le mouvement *relatif* de la Lune. Pour essayer de nous représenter ce mouvement, supposons qu'une ellipse ABC, dont

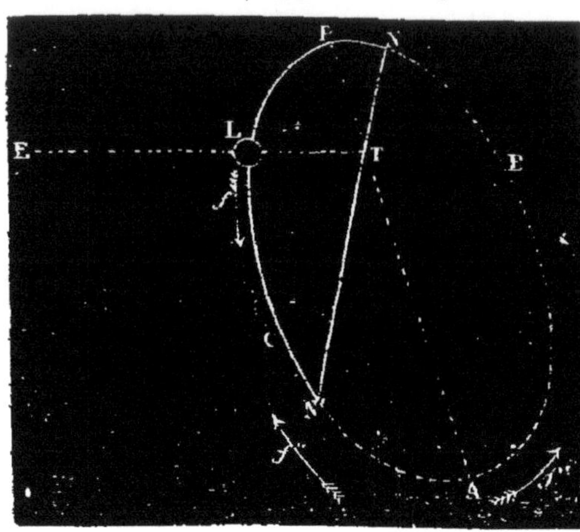

T est un foyer, ait son plan incliné de 5° 9' sur le plan de la figure, c'est-à-dire sur l'écliptique. L'intersection NN' des deux plans est la ligne des nœuds. Cela posé, pendant que la Lune L parcourt l'ellipse ABC dans le sens indiqué par la flèche *f*, et de manière à revenir en 27ʲ ⅓ vers l'étoile E, l'ellipse tourne dans son plan avec une vitesse de 360° en 9 ans, de même sens que la première; enfin le plan ABC est animé d'un mouvement *conique*, en vertu duquel la ligne des nœuds fait sa révolution en 18 ans, mais dans le sens indiqué par la flèche *f″*.

178. La complication de l'orbite lunaire augmente encore beaucoup quand on a égard à la translation de la Terre autour du Soleil, c'est-à-dire quand on considère les mouvements *absolus*, au lieu des mouvements relatifs. Mais si, pour *une première approximation*, on néglige l'inclinaison du plan de l'ellipse et l'excentricité de celle-ci, on trouve que la trajectoire décrite par la Lune est une courbe assez simple, du genre de celles que les géomètres appellent *épicycloïdes* (1).

(1) On aura, tout à la fois, une idée assez exacte de ces courbes et du mouvement de la Lune, si l'on se représente une *valse* exécutée par deux personnes, T, L, dans un salon, dont un lustre S occuperait le centre. Si, pendant que la personne T décrit un cercle autour du lustre, et tourne en même temps sur elle-même, l'autre personne L tourne autour de la première, en la regardant constamment, cette personne L décrira sur le parquet une *épicycloïde*, et son mouvement sera analogue à celui de la Lune. En effet, nous verrons bientôt que ce satellite exécute, *dans le même temps*, sa rotation sur son axe et sa translation autour de la Terre, en sorte qu'il tourne toujours une même face vers sa planète.

Distance de la Lune à la Terre

179. La valeur moyenne de cette distance est

$$59,96 \text{ rayons terrestres.}$$

Ainsi, le rayon moyen de l'orbite lunaire égale environ 60 fois le rayon de l'équateur terrestre. Si l'on compare cette valeur à celle qui représente la distance du Soleil à la Terre (**105**), on verra qu'elle en est seulement le $\frac{1}{401}$.

Rayon et volume de la Lune.

180. En désignant par ρ le rayon de la Lune, par r celui de la Terre, on trouve

$$\frac{\rho}{r} = 0,2729.$$

Cette fraction diffère très peu de $\frac{3}{11}$. Ainsi, le rayon de la Lune n'est guère que les $\frac{3}{11}$ du rayon terrestre. Le volume de notre satellite est à peu près $\frac{1}{49}$ du volume de la Terre.

181. On a vu (**106**) que si, dans la construction d'un *modèle en relief*, la Terre était représentée par une balle ayant pour rayon *un centimètre*, le Soleil deviendrait un globe de $1^{m},12$ de rayon, placé à 241 mètres de la balle. Dans les mêmes conditions, la Lune pourrait être figurée par un *pois* de $5^{mm},5$ de diamètre, tournant dans une circonférence dont la balle occuperait le centre, et qui aurait pour rayon 60 centimètres. Ce rayon de l'*orbite lunaire* est donc un peu *inférieur à la moitié* de celui du globe qui figure le Soleil. On peut, d'une autre manière, rendre cette comparaison plus frappante. Supposons le centre du Soleil coïncidant avec celui de la Terre, et un projectile parcourant un rayon solaire, en allant du centre à la surface : *arrivé à la Lune, ce projectile ne serait pas encore à moitié chemin (1).*

Masse et densité de la lune.

182. Guidé par des théories dont nous ne pouvons en aucune façon donner l'idée, Laplace a trouvé que la masse de la Lune est environ $\frac{1}{75}$ de celle de la Terre. En adoptant cette valeur, nous aurons, pour le rapport entre la densité de la Lune et celle de la Terre, $\frac{49}{75}$, ou environ 0,653.

Phases de la Lune.

183. Après les détails dans lesquels nous sommes entrés à propos du mouvement de translation de la Lune autour de la Terre, quelques mots suffiront pour compléter l'explication des *phases*, commencée ci-dessus.

Soient, en effet, A, B, C,... les huit positions principales de la Lune relativement à la Terre T, supposée immobile. Soit S le Soleil, placé très

(1) Le savant directeur de l'Observatoire de Bruxelles, qui fait usage de cette considération, ajoute : «On peut par là se faire une idée de ce qu'est la Terre, et conséquemment la Lune, relativement au globe immense du Soleil. C'est cependant pour la Terre que l'on supposait que ce globe immense devait se mouvoir avec toute la voûte étoilée, et c'est pour avoir émis une opinion contraire que Galilée, à l'âge de soixante-dix ans, se vit enfermer dans les prisons de l'Inquisition ! »

loin dans le plan de l'écliptique, pris pour celui de la figure. Pour plus de simplicité, supposons l'axe de la Terre perpendiculaire à l'écliptique, et faisons abstraction de la légère obliquité de l'orbite lunaire.

A chaque moment de sa course, la Lune a une moitié de sa surface éclairée par le Soleil, et elle a aussi une moitié de sa surface tournée vers la

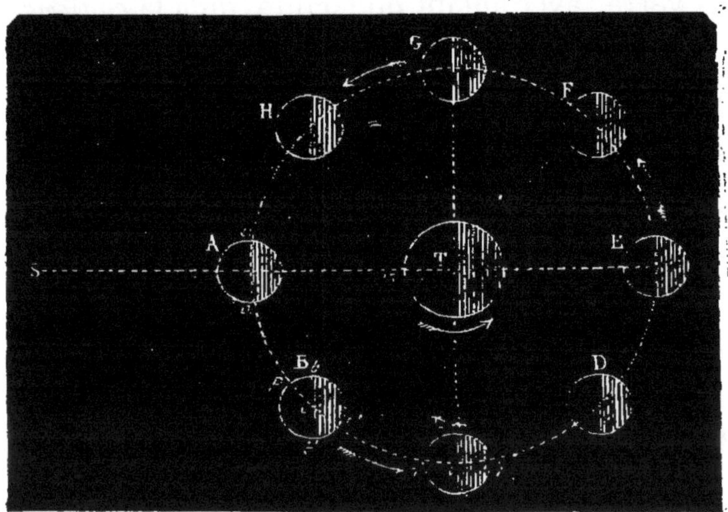

Terre : suivant que l'angle formé par les plans qui limitent ces deux hémisphères est plus ou moins grand, l'observateur placé en T aperçoit une partie plus ou moins considérable de la surface lunaire. Ainsi, pour la position A, l'angle dont il s'agit est nul ; la Lune est invisible pour nous ; on dit qu'elle est *nouvelle*. Quand notre satellite est arrivé en B, son hémisphère éclairé est *bb'p*, son hémisphère tourné vers la Terre est *pbp'*; l'observateur verra, sous la forme d'*un*

croissant dont les pointes sont à l'opposite du Soleil, le *fuseau* projeté en *bop*.

Cet *aspect* est celui qui répond au *premier octant*. De même, au *premier quartier*, le fuseau projeté en *ciq* nous présente l'apparence d'un demi-cercle; et ainsi de suite.

184. Si l'on a égard à la rotation de la Terre, on verra, avec autant de facilité, qu'à la *conjonction*, la Lune A passe au méridien du lieu *m*, avec le Soleil; qu'au premier octant, elle y passera 3 heures après le Soleil, etc. On verra aussi que, dans la première moitié de sa révolution, la Lune nous éclaire le soir et se couche à l'ouest, et que, pendant l'autre moitié de sa course, elle se lève vers l'est et disparaît le matin à cause de la lumière diffuse.

Lumière cendrée.

185. Quelques jours avant ou après la conjonction, et quand la Lune nous apparaît sous la forme d'un croissant très délié, la partie de son disque *non directement éclairée* par le Soleil est visible pour nous : elle semble faiblement illuminée par une lumière bleuâtre ou *cendrée*. Ce phénomène curieux, sur l'explication duquel les astronomes n'ont pas toujours été d'accord, est très probablement produit par de la lumière solaire qui, après avoir été réfléchie à la surface de la Terre, est réfléchie de nouveau à la surface de la Lune. En effet, quand nous avons *nouvelle Lune*, un observateur placé à la surface de notre satellite aurait *pleine Terre*. D'ailleurs, le disque de la Terre, pour un tel observateur, serait environ 13 fois plus considérable que le disque de la Lune vu de la Terre (1).

Par suite, la quantité de lumière réfléchie par notre globe, au moment de la pleine Terre, est égale à 13 fois celle que nous recevons de son satellite (2), à l'époque de la pleine Lune. Il est donc possible qu'elle soit assez intense pour rendre visible à nos yeux le disque lunaire.

186. *Remarque.* — A cause de sa faible intensité, la lumière cendrée disparaît dès que le Soleil

(1) On démontre, en géométrie, que *deux cercles sont entre eux comme les carrés de leurs rayons*. Or, le rapport des rayons de la Terre et de la Lune est $\frac{11}{3}$, et, d'un autre côté, $\left(\frac{11}{3}\right)^2 = \frac{121}{9} = 13\frac{4}{9}$; etc.

(2) Certaines personnes croient encore que la Lune est *destinée* à éclairer la Terre; elles pourraient dire, avec plus d'apparence de raison : *La Terre a été créée pour éclairer la Lune.* A cette occasion, l'illustre Laplace fait la remarque suivante :

« Quelques partisans des causes finales ont imaginé que la Lune avait été donnée à la Terre pour l'éclairer pendant les nuits. Dans ce cas, la nature n'aurait pas atteint le but qu'elle se serait proposé, puisque souvent nous sommes privés à la fois de la lumière du Soleil et de celle de la Lune. Pour y revenir, il eût suffi de mettre, à l'origine, la Lune en opposition avec le Soleil, dans le plan même de l'écliptique, à une distance de la Terre, égale à la centième partie de la distance de la Terre au Soleil, et de donner, à la Lune et à la Terre, des vitesses parallèles, proportionnelles à leurs distances à cet astre. Alors la Lune, sans cesse en opposition avec le Soleil, eût décrit autour de lui une ellipse semblable à celle de la Terre; ces deux astres se seraient succédé l'un à l'autre sur l'horizon; et comme à cette distance la Lune n'eût point été éclipsée, sa lumière aurait constamment remplacé celle du Soleil. » (*Exposition du système du Monde.*)

est sur l'horizon. Or, le jour même de la néoménie, la Lune se lève et se couche avec le Soleil.
Il en est de même, à peu près, la veille et le
lendemain. Ce sera donc trois ou quatre jours
avant ou après la nouvelle Lune que l'on obser-
vera le mieux le phénomène : à la première
époque, il précédera le lever du Soleil ; à la seconde, il aura lieu après que le Soleil sera couché.

Taches de la Lune. — Rotation de la Lune sur elle-même.

187. La Lune présente un grand nombre de
taches, visibles même à l'œil nu, et dont l'ensemble présente quelquefois à l'imagination l'apparence d'une figure humaine. Ce qu'il y a de
remarquable, c'est que, depuis les temps les plus
reculés, ces taches ont toujours eu la même disposition : les *cartes de la Lune*, dressées il y a
dix-huit cents ans, ne diffèrent pas essentiellement des cartes actuelles. Autrement dit, l'hémisphère lunaire qui nous regarde a toujours été
le même.

Il résulte de là, évidemment, que la Lune,
pendant qu'elle fait sa révolution sidérale autour
de la Terre, exécute aussi une rotation sur elle-
même. S'il existait une différence quelconque
entre les durées de ces deux mouvements, cette
différence, s'ajoutant à elle-même à chaque lunaison, produirait à la longue un certain nombre
de jours, et, contrairement aux faits que nous
venons de rapporter, les nouvelles cartes de la
Lune ne ressembleraient pas aux anciennes. La
théorie de la gravitation universelle rend compte

de ce phénomène curieux ; de plus, elle prouve qu'il sera perpétuel : *jamais nous ne verrons le second hémisphère lunaire.*

Libration de la Lune.

188. Bien que la Lune nous présente sans cesse le même hémisphère, l'observation attentive des taches situées vers le bord de son disque semble prouver qu'elle oscille périodiquement autour d'une position moyenne. Ce balancement, cette *libration* est une illusion d'optique, dont il est facile de trouver l'explication.

189. *Libration en longitude.* — Concevons la droite menée du centre de la Terre T au centre de la Lune L, et soit P le point où elle rencontre la surface de cet astre. Si l'orbite lunaire était une circonférence dont T fût le centre, et si la Lune parcourait cette orbite avec une vitesse angulaire constante, égale à sa vitesse angulaire de rotation, le point P, dans ses positions successives P, P', P'',... occuperait constamment le

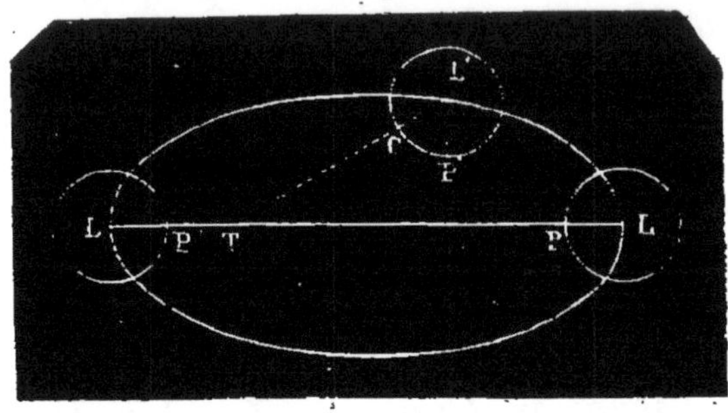

centre de l'hémisphère visible : c'est ce que la figure ci-jointe rend évident. Mais, outre les irrégularités provenant de l'obliquité de l'orbite, du déplacement de la ligne des nœuds, etc., la Lune se meut sur une ellipse LL′L″…, et sa vitesse de translation est donnée par la deuxième loi de Kepler : si, par exemple, les deux secteurs LTL′, L′TL″ qui composent la demi-ellipse sont équivalents, la Lune emploiera des temps égaux pour aller de l'apogée L à la position L′, et pour aller de cette position L′ au périgée L″. Et comme sa vitesse de rotation est constante, elle aura dû exécuter un quart de révolution autour de son axe, en passant de L en L′. Il résulte de là que le point P sera venu en P′, *à la droite* du centre C de l'hémisphère visible. Ainsi, *quand la Lune part de l'apogée, la tache qui occupait primitivement le centre du disque s'écarte d'abord de ce centre et se rapproche du bord occidental : au moment du périgée, elle se retrouve au centre.* Le contraire a lieu, évidemment, dans la seconde partie de la révolution lunaire.

Cette première oscillation apparente de la Lune, ayant lieu parallèlement à l'écliptique, a été appelée *libration en longitude*.

190. *Libration en latitude.* — Suivant que la Lune est *au-dessus* ou *au-dessous* de l'écliptique, nous voyons son pôle *sud* ou son pôle *nord*, absolument comme si elle s'inclinait en *arrière* ou en *avant*, par rapport à l'observateur. Ce nouveau balancement, perpendiculaire à l'écliptique, est la *libration en latitude*.

191. *Libration diurne.* — Le plan de l'orbite lunaire passe par le centre de la Terre ; par conséquent, si nous faisons abstraction des deux premières librations, nous pourrons dire que,

pour un observateur **A** placé en ce centre, les taches auront toujours le même aspect. Mais il n'en sera plus de même pour un observateur **B** placé à la surface de la Terre : à mesure que la Lune s'élèvera sur son horizon, il découvrira de nouveaux points de la surface lunaire, invisibles pour **A**. Les choses se passeront donc comme si la lune s'inclinait vers l'observateur **B**, tantôt dans un sens, tantôt dans un autre, et d'une quantité croissante ou décroissante chaque jour : de là, l'expression de *libration diurne*.

Montagnes et vallées de la Lune.

192. Quand on ne se contente pas de la vue simple, et qu'on observe la Lune à l'aide d'instruments un peu puissants, on reconnaît que sa surface est couverte de points éclairés, accompagnés de portions latérales obscures, dont la position et l'étendue varient avec les phases lunaires. Les points brillants sont certainement les sommets de montagnes, et les parties obscures sont, ou les ombres projetées par ces montagnes, ou encore des vallées profondes dans lesquelles n'arrive pas la lumière *directe* du soleil.

En effet, ces taches ont toujours la situation et la longueur qu'elles doivent avoir, eu égard à la position du Soleil : au moment de l'opposition, elles disparaissent presque complétement, parce que nous voyons la Lune dans la direction où elle est éclairée. De plus, à toutes les autres époques de la lunaison, les deux bords du disque ont des contours de natures bien différentes : celui qui est tourné vers le Soleil est circulaire et presque uni, tandis que l'autre bord présente des *échancrures* et *dentelures* avec *ressauts* et *points proéminents*. La raison de cette différence d'aspect est facile à saisir : le premier bord appartient à une partie de la surface lunaire sur laquelle les rayons solaires tombent presque normalement; l'autre bord, au contraire, est la ligne de séparation entre la partie éclairée et la partie obscure de la lune : il a le *Soleil levant* ou *couchant*. Si la surface lunaire était unie, cette ligne serait vue suivant une ellipse parfaite. Mais si la Lune est couverte de hautes montagnes, celles qui seront voisines de la partie obscure projetteront de longues ombres, plus ou moins accidentées, sur les plaines environnantes.

Les *points proéminents* s'expliquent encore plus facilement : tout le monde sait que le Soleil éclaire encore la cime des montagnes, quand les vallées sont déjà plongées dans l'obscurité.

193. D'après les mesures des ombres des montagnes lunaires les plus remarquables, on a pu calculer les hauteurs de celles-ci. MM. Beer et Maedler ont donné une liste de 1 095 hauteurs : quelques-unes atteignent 7 600 mètres, ou environ 2 809 mètres de plus que le mont Blanc. Si l'on se rappelle que le rayon de la Lune est seulement les $\frac{8}{11}$ du rayon terrestre, on reconnaîtra que les *aspérités* de la surface de notre satellite peuvent être rendues sensibles sur un modèle en relief, ce qui n'a pas lieu pour la Terre.

194. Les montagnes de la Lune ont, en général, un aspect frappant par leur singularité et

leur uniformité : au lieu d'être disposées en chaînes presque rectilignes, comme cela a lieu ordinairement sur notre globe, elles forment presque toutes des *cirques* semblables à ceux des Pyrénées et de l'Auvergne, et dont les centres sont occupés par des *pitons* élevés. De plus, les fonds de quelques-uns de ces cirques sont *très déprimés* au-dessous de la surface générale de la Lune, la profondeur intérieure étant souvent le double ou le triple de la hauteur extérieure. On conclut, de toutes ces circonstances, que *les montagnes lunaires sont d'anciens volcans :* rien, dans leur aspect, ne peut faire supposer qu'elles aient été produites par l'action des liquides (1).

195. *Cartes de la Lune.* — On possède un assez grand nombre de cartes qui figurent, plus ou moins exactement, les montagnes, les vallées, les cirques et les cratères du seul hémisphère lunaire que nous puissions apercevoir (2). Les

(1) « Dans quelques-unes des principales, on peut observer, ainsi que je l'ai fait avec de bons télescopes, des traces décisives de stratification volcanique, résultant de dépôts successifs de matière ayant fait irruption. » (*Astronomie* de J. Herschel; traduction de M. Vergnaud.)

(2) En 1821, M. le professeur Gruithuysen, de Munich, crut découvrir, dans une région voisine du centre de la Lune, une série de *remparts* parallèles coupés transversalement par d'autres remparts : tout cela lui parut le résultat de travaux de fortification, exécutés par les habitants de la Lune.

Les observations postérieures de Lohrman et de MM. Beer et Mædler, ont prouvé que les *remparts de Gruithuysen* étaient des formations naturelles, analogues à celles que l'on observe dans d'autres parties de notre satellite.

plus estimées sont celles de Dominique Cassini, de Russel, de Lohrman, et enfin celle de MM. Beer et Maedler. Sur ces cartes, les contrées de la Lune, ou plutôt ses principales taches, sont appelées ainsi : *Sinus-Medii, Insula, Manilius, Eratosthenes, Copernicus, etc.*

Constitution physique de la Lune.

196. *La Lune n'a pas d'atmosphère.* — Si la Lune était entourée d'une atmosphère ayant quelque analogie avec la nôtre, et, par conséquent, réfractant la lumière, voici ce qui arriverait au moment de *l'occultation* d'une étoile E par le globe lunaire.

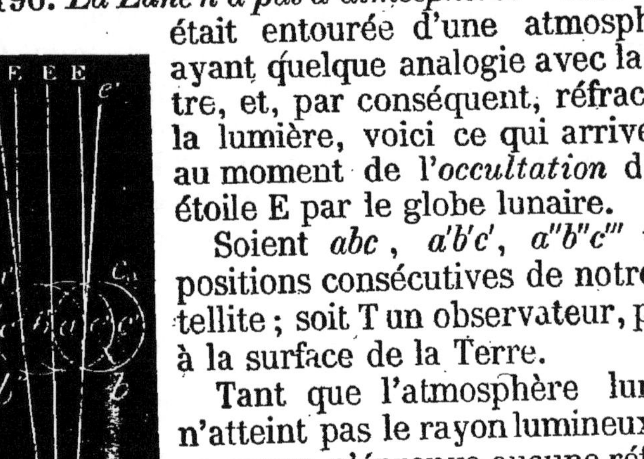

Soient *abc*, *a'b'c'*, *a"b"c'"* trois positions consécutives de notre satellite ; soit T un observateur, placé à la surface de la Terre.

Tant que l'atmosphère lunaire n'atteint pas le rayon lumineux ET, ce rayon n'éprouve aucune réfraction, et l'étoile est vue dans sa véritable direction TE. Quand la Lune vient en *a'b'c'*, le rayon E*a'*, au lieu de se continuer en ligne droite, s'infléchit suivant *a'"*T à sa rencontre avec la couche atmosphérique, et l'étoile E paraît située en *e*. Enfin, la Lune venant en *a"b"c"*, l'étoile disparaît, après avoir été vue dans la direction T*e'*.

En résumé, avant l'*immersion*, l'étoile E semblerait fuir la Lune. Après l'*émersion* (1), l'effet contraire aurait lieu : la Lune paraîtrait entraîner l'étoile. En outre, le temps de l'occultation serait beaucoup plus court qu'il ne devrait être, eu égard à la vitesse de la Lune et à la grandeur de son diamètre apparent.

Or, les apparences singulières que nous venons d'indiquer ne se réalisent jamais ; de plus, le temps pendant lequel dure l'occultation est toujours rigoureusement égal au temps calculé. Il n'est donc pas possible d'assigner à notre satellite une atmosphère d'une densité appréciable (2).

197. *Absence d'eau à la surface de la lune.* — La Lune, étant dépourvue d'atmosphère, doit également être dépourvue d'eau. En effet, si des masses liquides, semblables à nos mers, à nos fleuves, etc., étaient transportées à la surface de la Lune, *elles se vaporiseraient instantanément*, et produiraient une atmosphère.

198. *Conséquences de l'absence d'atmosphère et de liquides.* — La vie organique, telle que

(1) On appelle *immersion* et *émersion* la disparition et la réapparition d'un astre.

(2) Si cette densité était seulement celle de l'air contenu dans une machine pneumatique après qu'on y a fait le vide, les rayons lumineux qui traverseraient l'atmosphère lunaire seraient déviés d'au moins 1″. Le temps d'une occultation serait donc augmenté du temps que la Lune emploie pour s'avancer de 2″, par rapport aux étoiles. Or, à raison de 13° 11″ pour vingt-quatre heures, 2″ de degré correspondent à 4ˢ de temps, quantité trop considérable pour qu'un observateur puisse la négliger.

nous la concevons, exige impérieusement la présence de gaz et de liquides : dans le vide, les
animaux et les végétaux périssent promptement.
Puisque notre satellite est privé des deux agents
sans lesquels les fonctions vitales sont impossi-
bles, *il est inhabité* (1).

199. *Climat de la Lune.* — Il doit être fort
extraordinaire, puisque notre satellite, à peu près
à la même distance que nous par rapport au Soleil, a son *jour solaire* 30 fois plus long que le
nôtre. Les différences de température, produites
par un soleil qui brille pendant 15 jours, et auquel succède une nuit de même durée, doivent
être énormes : rien, sur notre globe, ne peut
donner l'idée de telles alternatives de chaud et
de froid.

200. *La Lune ne nous envoie pas de chaleur.*
— Quoique l'hémisphère lunaire qui nous regarde doive, au moment de l'opposition, être
très échauffé, *peut-être* même à un degré bien
supérieur à celui de l'eau bouillante, nous n'en
recevons aucune chaleur appréciable : le ther-
momètre le plus sensible, placé au foyer d'un
miroir parabolique tourné vers la Lune, n'accuse
aucune élévation de température. On doit admettre, d'après cela, que la chaleur réfléchie à

(1) Cette conclusion, souvent regardée comme trop
absolue, me paraît inattaquable, si en effet la Lune
n'a pas d'atmosphère. Il est vrai que « *des partisans
quand même de l'atmosphère lunaire* » (Arago) la sup-
posent confinée dans les cavités, de manière à ne pas
s'élever jusqu'au niveau supérieur de la Lune. Une
telle hypothèse est peu admissible.

la surface de la Lune est absorbée dans son passage à travers les espaces célestes, et qu'elle n'arrive pas jusqu'à la Terre.

201. *Aspects du Soleil et de la Terre à la surface de la Lune.*— « Si nous pouvions nous transporter sur le globe lunaire, nous y jouirions d'un spectacle fort extraordinaire. Les jours y seraient à peu près (1) 27 fois plus longs que les nôtres. Vers les pôles, le Soleil serait toujours près de l'horizon, tandis que, près de l'équateur, les régions seraient continuellement échauffées par le Soleil pendant quinze jours, et les nuits y seraient ensuite excessivement froides. On n'y connaîtrait pas, comme en notre Terre, l'inégalité des jours et des saisons, ou du moins elle serait inappréciable, à cause de la faible inclinaison de l'axe lunaire sur l'écliptique ; on n'y connaîtrait pas non plus la distinction des jours et des années, puisque le temps d'une révolution est égal au temps de la rotation de la Lune sur elle-même.

Les habitants (2) de l'hémisphère qui nous est opposé n'auraient jamais vu la Terre, à moins d'être venus sur la partie qui nous est visible : alors ils verraient notre globe occupant dans le ciel un espace 13 fois plus grand que celui que nous voyons occuper au leur. Nos vastes continents, nos mers, nos forêts même, leur seraient

(1) Ce nombre est celui qui se trouve dans l'*Astronomie élémentaire*, probablement par suite d'une erreur typographique : on doit le remplacer par 30.

(2) S'il pouvait y en avoir.

visibles; ils apercevraient les immenses monceaux de glace qui s'étendent des deux côtés de l'équateur, ainsi que ces mers de nuages qui flottent au-dessus de nos têtes, et qui leur déroberaient parfois nos régions. L'incendie d'une ville ou d'une forêt n'échapperait point à leurs regards ; et, s'ils étaient munis de bons instruments d'optique, ils verraient jusqu'à la construction des villes nouvelles, jusqu'au déploiement de nos flottes; ils remarqueraient surtout avec étonnement la rotation de notre Terre sur son axe, et ses différentes phases, selon ses positions relativement au Soleil. Toutes ces observations leur seraient d'autant plus faciles, que ce globe immense demeurerait continuellement suspendu sur leur horizon, et toujours vers le même point.

Ainsi, pour un *sélénite* habitant le centre de la partie visible du disque lunaire, notre globe serait toujours suspendu au zénith, et permettrait de faire des observations aussi sûres que faciles. A mesure qu'on irait vers les bords de la Lune, notre Terre baisserait vers l'horizon du spectateur, et s'y trouverait entièrement quand l'observateur se disposerait à passer sur l'autre face, où il cesserait de nous voir. Ce que nous venons de dire suffit pour faire concevoir combien la vie d'un sélénite sédentaire deviendrait monotone; il jouirait à peu près toujours d'un même spectacle, admirable à la vérité, mais qui deviendrait ennuyeux à la longue. Au contraire, le voyageur pourrait y varier ses plaisirs, et trouver autant de spectacles, autant de climats nouveaux, qu'il trouverait de points à la surface de son globe (1). » (QUÉTELET, *Astronomie élémentaire.*)

CHAPITRE VIII

DES ÉCLIPSES.

—

Causes des éclipses.

202. *Eclipses de Soleil.* — Lorsque la Lune vient à passer *entre* la Terre et le Soleil, nous cessons d'apercevoir celui-ci : il y a donc *éclipse de Soleil.* On a déjà vu que ce phénomène se produirait à toutes les *néoménies*, c'est-à-dire à chaque nouvelle Lune, si l'orbite lunaire était confondue avec l'écliptique. Mais, comme cette orbite est inclinée d'environ 5° sur le plan de l'écliptique, la Lune doit se trouver, la plupart du temps, trop élevée ou trop abaissée, relativement à ce plan, pour empêcher les rayons du Soleil d'arriver à la Terre.

203. *Eclipses de Lune.* — Elles sont dues à une autre cause. La Terre, éclairée par le Soleil dans une direction, projette à chaque instant, dans une direction opposée, un *cône d'ombre* (2). Si la Lune vient rencontrer ce cône, elle se trouve

---

(1) A cet intéressant tableau de la vie d'un sélénite, nous ajouterons que, *si la Lune avait eu des habitants, il ne nous eût pas été impossible d'entrer en correspondance avec eux.* L'illustre Gauss n'a pas dédaigné l'examen de cette proposition.

(2) Voir plus bas, n° 206.

privée des rayons solaires pendant quelques ins-
mets ; et son disque, qui devrait être entière-
tannt illuminé, puisque les deux astres sont en
opposition, devient invisible, en tout ou en partie.

On vient de voir que l'obliquité de l'orbite lunaire empêche qu'il y ait éclipse de Soleil à chaque *nouvelle Lune :* pour la même raison, à chaque
pleine Lune, il n'y a pas nécessairement éclipse
de notre satellite.

Différences entre les deux espèces d'éclipses.

204. Ce qui distingue essentiellement les éclipses de Soleil des éclipses de Lune, c'est que les
premières sont *locales*, et que les autres sont
générales (1). De plus, les éclipses de Lune commencent et finissent en même temps pour tous
les lieux où elles sont visibles, tandis que les
éclipses de Soleil commencent et finissent à différentes heures pour les différents pays. La raison de ces différences est facile à saisir.

En effet, *pour qu'il y ait éclipse de Soleil* en
un point déterminé de la Terre, *il faut que la
Lune porte ombre* sur ce point : ce qui exige qu'elle
soit située dans le cône circonscrit au globe
solaire et ayant ce même point pour sommet.
D'ailleurs, à mesure que la Lune se déplace, son
ombre se déplace aussi. Au contraire, une *éclipse
de Lune est une ombre portée par la Terre* sur son
satellite ; elle est donc visible au même instant
pour tous les lieux qui ont la Lune sur leur horizon.

(1) Du moins pour un même hémisphère.

Ces deux phénomènes ne sont d'ailleurs que la reproduction, *en grand*, d'un autre phénomène très fréquent. Lorsqu'un nuage vient, au milieu d'un ciel pur, à passer devant le Soleil, ceux qui reçoivent son ombre éprouvent une véritable *éclipse de Soleil*, tandis qu'ils sont presque *éclipsés* aux yeux des personnes placées au loin.

205. *Remarque.* — Au moment d'une *éclipse de Soleil*, il y aurait *éclipse de Terre*, partielle ou totale, pour un sélénite ; et, au contraire, *quand la Terre porte ombre sur la Lune*, il y a, pour celle-ci, *éclipse de Soleil*.

Conditions de possibilité des éclipses.

206. *Ombre et pénombre.* — Soient BDD'B',

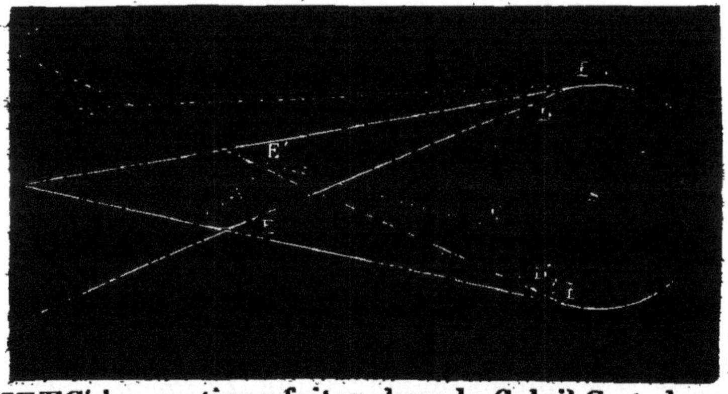

CE'EC' les sections faites dans le Soleil S et dans un astre A, par un plan quelconque mené suivant la ligne des centres S, A. Soient ensuite BC la tangente commune *extérieure* aux deux grands cercles ainsi obtenus, et DE leur tangente commune *intérieure*. Si ces deux droites tournent autour de SO, elles engendrent le *cône d'ombre pure*

BOB' et le *cône de pénombre* FOF'. Voici les raisons de ces dénominations. Un point tel que *m*, intérieur au premier cône, ne reçoit aucune partie de la lumière solaire ; il serait invisible pour tous les habitants de l'astre A : il est dans *l'ombre pure*. Au contraire, le point *m'*, situé extérieurement au premier cône, et intérieurement au second, est traversé par des rayons émanés de la partie *ca* de la surface solaire. *Moins éclairé* que le point *m''*, par exemple, il est cependant visible pour certains habitants de l'astre A : on dit qu'il est dans la *pénombre*.

Ce n'est pas tout : si l'on suppose en *m* un observateur, il est évident qu'il n'apercevra aucun point du disque solaire : il y aura, pour lui, *éclipse totale de Soleil*. De même, un observateur placé en *m'* verrait la partie *ca* de la surface du Soleil ; mais la partie *cb* de l'astre radieux, qui serait visible sans la présence du *corps opaque* A, restera cachée à ses yeux : il y aura, pour cet observateur, *éclipse partielle de Soleil*.

207. *Éclipses de Lune.* — D'après cela, *pour qu'il puisse y avoir éclipse de Lune, il est nécessaire que ce satellite pénètre, en tout ou en partie, dans le cône d'ombre pure de la Terre* A. Or, un calcul très simple démontre que *la longueur* OA *du cône d'ombre pure* égale environ 217 rayons terrestres. D'un autre côté, la distance moyenne de la Lune à la Terre est égale seulement à 60 rayons (**179**). *Les éclipses de Lune sont* donc *possibles à toutes les oppositions* (1).

(1) Il faut, en outre, comme nous l'avons déjà fait

208. *Éclipses de Soleil.* — Supposons maintenant que A soit la Lune, et que m, m' soient divers points de la surface terrestre. D'après les explications précédentes, *pour qu'il puisse y avoir éclipse de Soleil, totale ou partielle, en un lieu donné, il faut que ce lieu soit dans le cône d'ombre ou dans le cône de pénombre de la Lune.* En ayant égard aux limites entre lesquelles varient les distances mutuelles du Soleil, de la Terre, de la Lune, et aux dimensions de ces astres, on arrive à la conclusion suivante : *L'éclipse totale de Soleil est possible quand la Lune est au périgée et la Terre à l'aphélie.*

Éclipses annulaires.

209. Nous venons d'indiquer dans quelles cir-

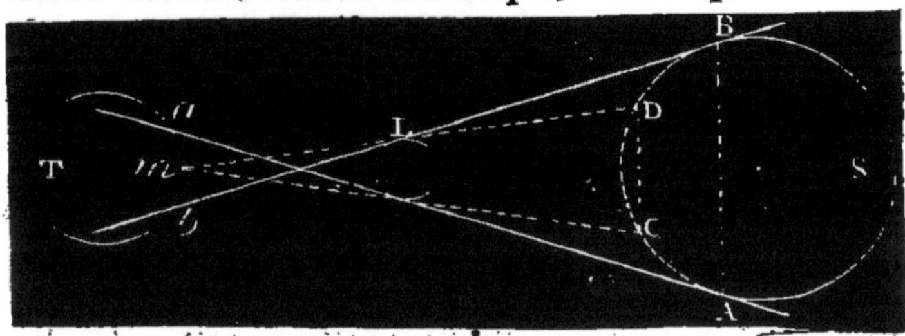

constances se produisent les *éclipses partielles* et les *éclipses totales.* Les *éclipses annulaires de Soleil* peuvent avoir lieu quand la seconde nappe

pressentir (**202**), que la Lune soit très voisine de l'écliptique, ou, ce qui est équivalent, qu'elle soit très près de la *ligne des nœuds* (**172**). Par conséquent, *pour qu'il puisse y avoir éclipse* (de Soleil ou de Lune), *la ligne des nœuds doit coïncider à peu près avec la droite qui joint le centre de la Terre au centre du Soleil.*

du cône d'ombre projeté par la Lune rencontre la surface de la Terre. Supposons, en effet, qu'un observateur soit placé en *m* dans la zone terrestre *ab* déterminée par ce cône : il n'apercevra aucun point de la zone solaire CD; mais il pourra recevoir les rayons lumineux émanés de la bande BACD. Le Soleil lui apparaîtra donc comme *un anneau lumineux entourant un cercle noir*.

210. *Remarque.* — En certaines occasions très rares, une éclipse de Soleil peut être *totale* dans un lieu et *annulaire* dans un autre. Cela n'arrive que si les diamètres apparents de la Lune et du Soleil sont presque égaux. La Lune ne se trouvant pas à la même distance de tous les points de la surface terrestre, des observateurs peuvent voir la Lune *plus grande* que le Soleil, d'autres la voyant *plus petite*.

Périodicité des éclipses.

211. Nous avons dit (**202**) que si la Lune se mouvait dans le plan de l'écliptique, il y aurait éclipse de Soleil à toutes les conjonctions, et éclipse de Lune à toutes les oppositions. Par suite de l'obliquité de l'orbite lunaire, le retour des éclipses n'est pas aussi fréquent; néanmoins il est, à fort peu près, *périodique*.

En effet, si une éclipse a eu lieu, *c'est parce que la Lune*, en conjonction et en opposition avec le Soleil, *n'était pas trop éloignée de son nœud*.

Si donc, au bout d'un certain temps, la Terre, la Lune et la ligne des nœuds ont repris les mêmes positions par rapport au Soleil, il y aura, pour ainsi dire, *reproduction* de l'éclipse déjà observée. Or, en 18 *ans 11 jours et demi*, il y a, presque exactement, 223 lunaisons et 19 *révolutions synodiques des nœuds* (1). Les éclipses doivent donc se représenter dans le même ordre au bout de ce laps de temps, en sorte qu'il est très facile de les prédire. Seulement, la différence entre les durées des 223 lunaisons et des 19 révolutions s'élevant à près de la moitié d'un jour moyen, on s'exposerait à de graves erreurs si l'on croyait qu'au bout de la période indiquée les éclipses redeviennent semblables en grandeur et en durée (2).

Fréquence des éclipses.

242. « Les tables du Soleil et de la Lune prouvent que, terme moyen, on peut observer, sur toute la Terre, 70 éclipses en 18 ans : 29 de Lune et 41 de Soleil.

(1) La *révolution synodique des nœuds* est le temps qui s'écoule entre deux passages successifs du Soleil par un même nœud lunaire. Ce temps égale 346,619,692 *jours moyens*. D'un autre côté, la durée d'une lunaison est 29j,530.589 (168 . Or, si l'on multiplie le premier nombre par 19 et le second par 223, on trouve, à fort peu près, 6585,5, ou 18a 11j,5. Cette période était connue des Chaldéens, qui lui avaient donné le nom de *Saros*.

(2) Il y a plus : les éclipses de Soleil étant *locales*, cette période ne peut pas faire connaître s'il y aura éclipse *dans un lieu déterminé*. Du reste, toutes ces recherches empiriques n'ont plus aucun intérêt. Aujourd'hui, c'est par l'emploi des tables du Soleil et de la Lune, tables dont la construction repose sur les théories mathématiques les plus délicates, que les astronomes annoncent, plusieurs années à l'avance, ces importants phénomènes.

» Jamais, dans une année, il n'y a *plus de sept* éclipses; jamais il n'y en a *moins de deux*.

» Quand le nombre des éclipses est réduit à deux dans une année, elles sont toutes les deux de Soleil.

» Sur l'ensemble du globe, le nombre d'éclipses de Soleil est *supérieur* au nombre d'éclipses de Lune, presque dans le rapport de 3 à 2. *Dans un lieu donné*, il y a, au contraire, moins d'éclipses visibles du premier de ces astres que du second.

» Dans chaque période de 18 ans, il y a, terme moyen, 28 éclipses de Soleil *centrales*, c'est-à-dire susceptibles de devenir, suivant les circonstances, *annulaires* ou *totales*; mais, comme la zone terrestre le long de laquelle l'éclipse peut avoir l'un ou l'autre de ces caractères est très étroite, dans un lieu donné les éclipses totales ou annulaires sont excessivement rares.

» Halley trouvait, en 1715, qu'à partir du 20 mars 1140, c'est-à-dire dans une période de 575 ans, il n'y avait pas eu, à Londres, une seule éclipse totale de Soleil. Depuis l'éclipse de 1715, Londres n'en a vu aucune autre. A Montpellier, beaucoup mieux favorisé par la combinaison des éléments divers qui concourent à la production du phénomène, nous trouvons des éclipses totales :

le 1ᵉʳ janvier 1386,
le 7 juin   1415,
le 12 mai   1706,

sans compter l'éclipse totale du 8 juillet 1842.

» A Paris, pendant le XVIIIᵉ siècle, on n'a vu qu'une éclipse totale de Soleil, celle de 1724.

» Dans le xixe siècle, il n'y en a pas eu encore et il n'y en aura pas. » (ARAGO, *Comptes rendus des séances de l'Académie des sciences*, tome XIV, page 843.)

Phénomènes qui accompagnent les éclipses.

213. *Eclipses de Lune.* — Au moment où la Lune entre dans le cône de pénombre, la lumière s'affaiblit; en sorte qu'il est extrêmement difficile de reconnaître l'instant où commence l'éclipse et l'instant où elle finit.

Quand l'éclipse est totale, la Lune est quelquefois invisible tout à fait; d'autres fois son disque reste visible et paraît rougeâtre. Cette couleur de la Lune, que les anciens trouvaient *effrayante*, provient de la décomposition qu'éprouvent les rayons solaires en traversant l'atmosphère terrestre.

Notre atmosphère produit encore un autre effet : elle allonge le cône d'ombre, comme si le rayon de la Terre était augmenté. Par suite, l'éclipse est un peu agrandie (1).

On comprend que ce phénomène est dû à l'*affaiblissement* éprouvé par les rayons solaires traversant les couches les plus denses de l'atmosphère, celles qui sont les plus voisines de la surface. Les astronomes, pour tenir compte de cette action atmosphérique, augmentent ordinairement de $\frac{1}{60}$ le rayon terrestre.

(1) Pour indiquer la grandeur d'une éclipse, on suppose le diamètre du disque partagé en 12 parties égales, appelées *doigts* : si l'ombre de la Terre cache les $\frac{7}{12}$ du diamètre lunaire, l'éclipse est de 7 doigts.

214. *Éclipses de Soleil*. — Dans les éclipses totales, on aperçoit une *couronne lumineuse* autour du disque lunaire. Comme elle reste concentrique au Soleil quand la Lune se déplace, on suppose qu'elle est due à une *troisième atmosphère* solaire. Quelquefois aussi, comme lors de l'éclipse totale du 18 juillet dernier, le disque de la Lune paraît entouré d'une *auréole* ou d'une *gloire*, semblable à celles que l'on voit dans certains tableaux (1).

Le ciel s'obscurcit assez, lors d'une éclipse totale de Soleil, pour qu'on puisse distinguer quelques étoiles de première grandeur. Cette disparition presque subite de la lumière, jointe à un abaissement très sensible de température et à la teinte blafarde que prennent les objets, émeut toujours beaucoup ceux qui en sont témoins (2); les animaux mêmes refusent de manger et cherchent un refuge (3). Autrefois, une éclipse totale de Soleil ou de Lune était regardée comme l'annonce

(1) Cette dernière éclipse a présenté une circonstance bien curieuse : deux des *aigrettes* de l'auréole, au lieu d'être rectilignes, avaient la forme d'un cimeterre.

(2) Dans sa relation de l'éclipse du 18 juillet, le P. Secchi, directeur de l'Observatoire du collége romain, dit : « Tout cela faisait une scène unique au monde et qui restera profondément gravée dans mon esprit; la solennité du spectacle paraissait frapper profondément les assistants qui, quoique très nombreux, restaient plongés dans le silence le plus profond. »

(3) « Pendant l'éclipse du 8 juillet 1842, *totale* à Perpignan, le chien de M. L... se réfugia entre les jambes de son maître. » (*Annuaire du Bureau des longitudes*, pour 1846.)

d'un malheur public, et causait toujours une grande frayeur : en 1654, sur la simple annonce d'une éclipse totale, une multitude d'habitants de Paris allèrent se cacher au fond des caves! Aujourd'hui, grâce à la diffusion des lumières, ces craintes ridicules sont remplacées par la curiosité et l'admiration.

CHAPITRE IX

DES PLANÈTES.

—

Généralités sur les planètes.

215. Indépendamment du Soleil et de la Lune, certains astres semblent, comme ces deux corps célestes, changer de position à l'égard des *étoiles fixes :* pour les distinguer de ces dernières, on les a appelés *planètes*, c'est-à-dire astres *errants*.

216. *Noms des principales planètes.* — Parmi les planètes, il y en a cinq que l'on voit à l'œil nu, quand on se trouve dans des circonstances favorables; ce sont : *Mercure, Vénus, Mars, Jupiter, Saturne ;* elles sont nécessairement connues de toute antiquité. Des deux autres *planètes principales, Uranus* et *Neptune* (1), la première

(1) Le 26 mars 1859, M. *Lescarbault*, médecin à *Orgères*, observa le passage d'une planète sur le disque solaire. Cet astre nouveau, qui serait situé entre Mercure et le Soleil, reçut le nom de *Vulcain*. Malheureusement, rien n'est venu confirmer l'importante découverte de l'honorable savant.

a été *découverte* par W. Herschel, dont elle porta d'abord le nom ; l'autre, *devinée*, presque en même temps, par MM. *Leverrier* et *Adams*, fut *vue*, pour la première fois, par M. *Galle*, de Berlin, dans la nuit du 23 au 24 septembre 1846 (1). Ces deux astres ne sont visibles qu'au télescope. Il en est de même d'un groupe de *petites planètes*, appelées aussi les *astéroïdes*, situées entre Mars et Jupiter (2), et qui sont aujourd'hui (9 novembre 1864) (3) au nombre de 79 : très probablement il en existe beaucoup d'autres.

217. *Différences entre les planètes et les étoiles.* — La différence caractéristique, celle d'où les planètes tirent leur nom, ne peut être mise en évidence que par des observations suivies. Mais toutes les planètes, quand on les regarde au télescope, ont un *diamètre apparent :* il n'en est pas de même des étoiles. Cette dernière circonstance indique évidemment que les premiers astres sont *très près* de nous, comparativement aux derniers. Enfin quelques planètes présentent des phases analogues aux phases de la Lune : elles ne sont donc pas lumineuses par elles-mêmes.

218. *Position des planètes sur la sphère céles-*

(1) Il semblerait, néanmoins, que *Neptune* a été aperçu le 4 et le 12 août de la même année par *M. Challis*, de Cambridge. (*Comptes rendus de l'Académie des sciences*, tome XXIII, page 749.)

(2) Voir plus loin, n° 251.

(3) Nous notons cette date, parce que les découvertes de planètes deviennent très fréquentes : il y en a eu *neuf* en 1857

te.—Presque toutes les planètes sont situées dans la zone céleste à laquelle on a donné le nom de *zodiaque*, en sorte qu'elles s'écartent peu de l'écliptique (1).

219. *Planètes inférieures et planètes supérieures.* — Mercure et Vénus ne sont jamais à une grande distance angulaire du Soleil ; elles paraissent osciller autour de lui. Au contraire, les distances angulaires entre le Soleil et les autres planètes peuvent prendre toutes les valeurs, de 0° à 360°.

Les premiers astres, Mercure et Vénus, sont dits, *planètes inférieures;* les autres, *planètes supérieures.*

Mouvements apparents. — Stations et rétrogradations.

220. *Planètes inférieures.* — Nous venons de **dire** que Mercure et Vénus semblent osciller autour du Soleil. En effet, si l'on observe durant plusieurs mois l'une de ces deux planètes, Vénus, par exemple, à partir de l'époque où elle se couche immédiatement après le Soleil, voici ce que l'on reconnaît :

Le *retard* de Vénus sur le Soleil, c'est-à-dire le temps compris entre les moments des couchers des deux astres, augmente tous les jours ; et, au bout de 146 jours (2), il atteint son maxi-

(1) Quelques-unes des petites planètes font exception à cette loi.

(2) Les valeurs indiquées dans ce numéro et dans les numéros suivants ne sont que des *moyennes peu approchées.*

mum, égal à $3^h \frac{1}{7}$. Conséquemment, la distance angulaire des deux astres, d'abord nulle, augmente aussi, de manière à atteindre 48° le 146e jour. A partir de cette époque, Vénus se rapproche du Soleil, et le retard de la planète sur l'astre radieux diminue de plus en plus, jusqu'à ce qu'il s'annule, ou que, Vénus étant en *conjonction inférieure* (1), se couche en même temps que le Soleil. Cette seconde phase du phénomène a une durée à peu près égale à celle de la première, c'est-à-dire environ 146 jours.

Jusqu'à présent, Vénus était visible après le coucher du Soleil; de sorte qu'elle était située à l'*est* de cet astre et qu'elle apparaissait vers l'*occident*. Au bout de quelques jours, durant lesquels la planète disparaît, parce qu'elle est trop voisine du Soleil, elle reparaît de nouveau, mais à l'*ouest* de cet astre. Alors on la voit le matin, quelques instants avant le lever du Soleil; le soir, elle est invisible, parce qu'elle se couche avant lui. L'*avance* de Vénus sur le soleil augmente de plus en plus, de manière à devenir égale à $3^h \frac{1}{7}$, au bout de 146 jours : à cette époque, la distance

____

(1) Une planète est dite en *conjonction* ou en *opposition* avec le Soleil, suivant qu'elle est située entre le Soleil et la Terre, ou que la Terre est située entre le Soleil et la planète. Il y a *conjonction supérieure* ou *conjonction inférieure*, selon que la planète est *au delà* ou *en deçà* du Soleil, par rapport à la Terre : au moment de la conjonction supérieure, le diamètre apparent de la planète est évidemment le plus petit possible. Enfin, il est visible que, pour les planètes *supérieures*, il ne peut y avoir conjonction *inférieure*.

angulaire des deux astres atteint, de nouveau, son maximum. Enfin, la planète emploie encore 146 jours à se rapprocher du Soleil, ou à revenir en *conjonction supérieure;* après quoi les mêmes phénomènes se reproduisent indéfiniment.

221. Si, au lieu de comparer le mouvement apparent de Vénus ou de Mercure au mouvement apparent du Soleil, on cherche, au moyen des ascensions droites et des déclinaisons (44), à construire la ligne décrite par la planète sur la sphère céleste (46), on arrive à un résultat bien singulier : cette orbite, cette *trajectoire* apparente de Mercure ou de Vénus, au lieu d'être une circonférence, comme la trajectoire apparente du Soleil, est une ligne sinueuse, présentant des *boucles* et des *zigzags.* D'ailleurs, comme on pouvait le prévoir, elle ne s'écarte pas beaucoup de la circonférence dont nous venons de parler, c'est-à-dire de l'écliptique, qu'elle coupe en plusieurs points (1).

222. Puisque la trajectoire apparente de Vénus ou de Mercure est une courbe à zigzags, il en résulte que cette planète semble se mouvoir, tantôt dans le même sens que le Soleil, ou dans le *sens direct,* et tantôt dans le *sens rétrograde :* entre une *marche directe* et une *rétrogradation* de la planète, il y a un point d'arrêt, une *station.* Pour Vénus, le mouvement est *direct* pendant 542 jours, et *rétrograde* durant 42 jours seulement.

(1) On suppose que la construction graphique est continuée pendant plus d'une révolution de la planète.

223. *Planètes supérieures.* —Elles ont, comme les planètes inférieures, des stations et des rétrogradations; mais leur mouvement par rapport au Soleil est plus simple que celui de ces dernières. Lorsque Jupiter, par exemple, a été en conjonction avec le Soleil, il s'en éloigne de plus en plus *vers l'est*, de manière à se coucher *une heure, deux heures* après le Soleil. Au bout d'environ 200 jours, *l'opposition* arrive : le coucher de la planète a lieu 12 heures après celui du Soleil; ou, plus exactement, Jupiter passe au méridien à minuit. Après cette époque, la planète, se rapprochant du Soleil, passe au méridien à *une heure du matin*, à *deux heures du matin* .....; puis enfin, après avoir été visible quelques instants avant le lever du Soleil, elle disparaît complétement à l'époque de la nouvelle conjonction.

224. *Explication des stations et des rétrogradations.* — Pour essayer de rendre compte des phénomènes dont nous venons de parler, les anciens astronomes, qui croyaient la Terre immobile, avaient été obligés d'admettre que *chaque planète se mouvait sur une circonférence dont le centre tournait autour de la Terre, en décrivant une nouvelle circonférence.* Quelquefois, deux circonférences ne suffisant pas, on en introduisait une troisième, une quatrième.... Ce mécanisme compliqué, connu sous le nom de *Système des épicycles*, ou *Système de Ptolémée* (1), avait soulevé des doutes chez plus d'un bon esprit : « Il

(1) Ptolémée, astronome d'Alexandrie, vivait en l'an 130.

» s'est trouvé, dit Sénèque, des philosophes qui
» leur disaient : Vous vous trompez en croyant
» qu'il y ait des astres qui rétrogradent et s'ar-
» rêtent ; cette bizarrerie ne peut avoir lieu dans
» les corps célestes ; ils vont du côté où ils ont
» été lancés ; ils ne suspendent jamais leur cours ;
» ils ne changent jamais le sens de leur marche.
» C'est le Soleil qui en est la cause ; car leurs
» orbes ou leurs cercles sont placés de manière
» à nous tromper dans certains temps ; ainsi
» qu'on croit souvent voir immobile un vaisseau
» qui vogue pourtant à pleines voiles. »

En effet, toutes les complications, toutes les bizarreries dont se plaignait Sénèque, disparaissent quand on suppose, avec Copernic (1), que *la Terre et les autres planètes se meuvent autour du Soleil, dans des orbites presque circulaires.* Les rétrogradations sont une simple apparence, provenant de ce que la distance angulaire de la planète à une étoile déterminée, va en diminuant : lorsque cet angle est constant, la planète paraît stationnaire.

225. *Phases des planètes inférieures.* — Un simple coup d'œil, jeté sur la figure ci-contre, suffit pour montrer que les planètes inférieures doivent avoir des *phases* analogues à celles de la Lune. Ainsi, quand la planète est

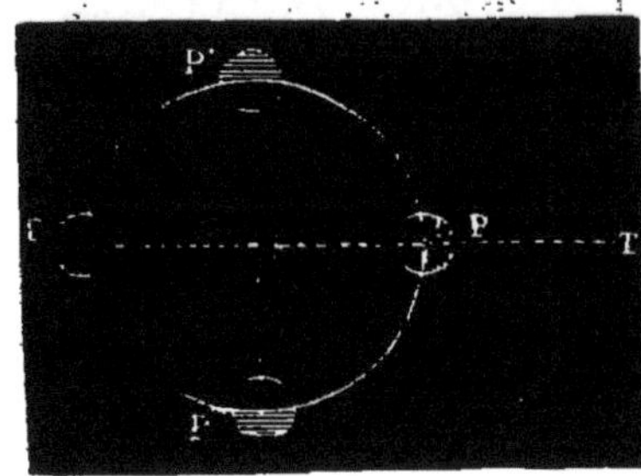

(1) Né à Thorn, le 19 février 1473.

en P, à sa conjonction inférieure, elle doit être invisible pour l'observateur placé en T (1). Quand elle est en P', on la voit sous la forme d'un demi-cercle dont la partie courbe est tournée vers le Soleil, etc.

Lois de Kepler.

226. Copernic avait renversé l'ancienne hypothèse de Ptolémée : au lieu des *soixante-quinze cercles*, enchevêtrés les uns dans les autres, au moyen desquels on représentait *imparfaitement* les mouvements apparents des astres connus de tout temps, il ne restait plus, comme nous venons de le dire, que des orbites presque circulaires, peu inclinées les unes par rapport aux autres, et dans lesquelles se meuvent, d'occident en orient, la *Terre* et *les autres planètes;* le Soleil, devenu la partie principale du système planétaire, est immobile dans l'univers (2). Faute d'observations exactes, et aussi faute de temps, Copernic ne put aller plus loin : l'honneur de découvrir les véritables lois du mouvement des planètes était réservé à Kepler, disciple et continuateur de Tycho-Brahé (3). Guidé par des

(1) Cependant, à cause de l'obliquité de l'orbite sur le plan de l'écliptique, il peut arriver que la planète présente *un croissant très délié, ayant ses pointes sur un diamètre horizontal.*

(2) Très probablement, le Soleil se meut dans l'espace; mais ce mouvement de translation, commun à toutes les planètes, n'influe pas sur leurs mouvements relatifs.

(3) Ce dernier astronome, observateur excellent, eut le malheur d'attacher son nom à un système

idées mystiques empruntées aux philosophes py-
thagoriciens, il commença par se demander pourquoi les planètes étaient seulement au nombre
de *six*, et quelle raison avait déterminé les rapports qu'il remarquait entre leurs distances au
Soleil, du moins dans le système de Copernic :
car, dans le système ancien, ces rapports sont
indéterminés. Inventant toujours des *harmonies*,
il fut conduit à penser qu'*il manquait* une planète
entre Mars et Jupiter (1), et une autre entre Mercure et Vénus : il crut ensuite que les six planètes
connues laissaient entre elles cinq intervalles
qui *s'expliquaient par les cinq polyèdres régu-*
liers inscrits à une même sphère, etc. Parvenu à
un autre ordre d'idées, il compara les nombres
qui représentent les grands axes des orbites et
ceux qui représentent les durées des révolutions
sidérales ; il essaya tous les rapports, soit entiers,
soit fractionnaires ; il travailla *vingt-deux ans*
sans se décourager ; et enfin, il trouva les trois
grandes lois suivantes :

intermédiaire entre ceux de Ptolémée et de Copernic.
Suivant lui, la Terre est immobile au centre de l'u-
nivers : tous les astres se meuvent chaque jour
autour de l'axe du monde, et le Soleil, dans sa révolution annuelle, emporte avec lui les planètes. « N'est-
il pas physiquement absurde, dit Laplace, de supposer la Terre sans mouvement dans l'espace, tandis
que le Soleil entraîne les planètes au milieu desquelles elle est comprise? »

(1) Cette conjecture de Kepler a été amplement réalisée de nos jours : nous avons déjà dit que le nombre des *petites planètes* situées entre Mars et Jupiter
s'élève à 79.

1° *Les orbites planétaires sont des ellipses dont le Soleil occupe un foyer commun ;*

2° *Dans le mouvement de chaque planète autour du centre du Soleil, les aires décrites par le rayon vecteur sont proportionnelles aux temps* (1) ;

3° *Les carrés des temps des révolutions des planètes sont proportionnels aux cubes des grands axes de leurs orbites.*

227. Des trois *lois de Kepler*, la dernière, qui lui a coûté le plus d'efforts (2), est la plus importante et la plus remarquable. Non-seulement elle donne immédiatement le grand axe de l'orbite au moyen de la *période sidérale* de la planète, mais encore elle exprime la connexion qui existe entre toutes les planètes : par son moyen, Newton a démontré *l'unité* ou *l'universalité* de la pesanteur.

Distances moyennes des planètes au soleil.

228. *Loi de Titius.* — On vient de voir que

(1) Nous avons parlé de ces deux premières lois à propos du mouvement apparent du Soleil.

(2) Kepler annonça ainsi cet admirable résultat de son long travail : « Achevons la découverte commencée il y a vingt-deux ans... Si vous en voulez connaître l'instant, c'est le 18 mars 1618. Conçue, mais mal calculée, rejetée comme fausse, revenue le 15 mai avec une nouvelle vivacité, elle a dissipé les ténèbres de mon esprit. Elle est si pleinement confirmée par les observations de Tycho, que je croyais rêver et faire quelque pétition de principe. Mais c'est une chose très certaine et très exacte, que *le rapport entre les temps périodiques de deux planètes est précisément sesqui-altère du rapport des moyennes distances.* » (*Harmonices mundi*, lib. V.)

Kepler croyait à l'existence d'une relation simple entre les distances des planètes au Soleil. Guidé par cette idée de Kepler, le professeur Titius trouva que ces distances sont à peu près proportionnelles aux nombres suivants :

4, 7, 10, 16, 28, 52, 100, 196.

Pour retrouver cette suite, on prend les termes de la progression par quotient :

3, 6, 12, 24, 48, 96, 192;

on ajoute 4 à chacun d'eux, et on écrit 4 pour premier terme de la nouvelle suite.

D'après cette *loi de Titius* (1), si l'on représente par 4 la distance de Mercure au Soleil, 7 exprimera la distance moyenne de Vénus, 10 celle de la Terre, et ainsi de suite. A l'époque où Titius fit connaître sa règle, on n'avait découvert aucune des petites planètes, et il corrobora l'espèce de prophétie faite par Kepler, en faisant observer qu'entre Mars et Jupiter, correspondant aux termes 16 et 52, il manquait un astre. Par un hasard singulier, c'est dans cet intervalle compris entre Mars et Jupiter, et à peu près à la distance 24, que sont venues se placer les petites planètes. Malheureusement pour la règle

(1) Généralement on attribue cette loi empirique a Bode, directeur de l'observatoire de Berlin, qui s'en est beaucoup occupé ; mais, suivant ce qu'il dit lui-même dans ses mémoires, la loi qu'on a pris l'habitude d'appeler la loi de Bode, doit être nommée la loi de Titius. Cette prétendue loi a été indiquée pour la première fois dans une traduction allemande de la *Contemplation de la nature* de Bonnet, publiée à Wittenberg par le professeur Titius. (*Astronomie populaire.*)

empirique de Titius, la distance de Neptune au Soleil, au lieu d'être proportionnelle à 388, est représentée par 300.

Principe de la gravitation universelle.

229. Après avoir trouvé les trois lois qui portent son nom, Kepler essaya de découvrir la *cause physique* du mouvement des planètes. La recherche de cette cause exerça souvent son imagination active; mais le moment n'était pas venu de résoudre ce grand problème, qui supposait l'invention de la Dynamique et de l'Analyse infinitésimale. Loin d'approcher du but, Kepler s'en écarta plus d'une fois, par de vaines spéculations sur la cause motrice des planètes. L'honneur de faire connaître le principe général des mouvements célestes était réservé à Newton. Dans l'immortel ouvrage intitulé : *Principes mathématiques de la philosophie naturelle* (1), ce grand homme, s'appuyant sur les découvertes de Galilée et de Huyghens, et sur les siennes propres, établit les conséquences suivantes des lois de Kepler :

1° *La force qui sollicite une planète quelconque est dirigée vers le centre du Soleil;*

2° *Cette force varie en raison inverse du carré de la distance entre le Soleil et la planète;*

3° *Les forces qui sollicitent deux planètes*

(1) Le livre des *Principes*, publié pour la première fois en 1686, fut traduit en français par la célèbre *Emilie de Breteuil, marquise du Châtelet.* On ne doit pas oublier que Voltaire et Mme du Châtelet ont fait connaître Newton à la France, plongée dans les *Tourbillons* de Descartes.

quelconques sont proportionnelles aux masses de ces planètes, et inversement proportionnelles aux carrés de leurs distances au Soleil.

230. Puisque toutes les planètes sont, à chaque instant, sollicitées par des forces dirigées vers le Soleil, n'est-il pas convenable de dire, ne fût-ce que pour abréger : *le Soleil attire* (1) *les planètes*, comme on dit : *l'aimant attire le fer, la Terre attire les corps placés à sa surface?* Adoptant cette façon de parler, nous pourrons résumer, dans le seul énoncé suivant, les trois propositions précédentes :

Le Soleil attire toutes les planètes, proportionnellement à leurs masses, et en raison inverse des carrés de leurs distances à son centre.

231. Une des lois fondamentales de la Dynamique consiste en ce que *la réaction est toujours égale et opposée à l'action.* Ainsi le fer est attiré par l'aimant autant que l'aimant est attiré par le fer; ainsi encore, quand un cheval tire une voiture, il éprouve, de la part de celle-ci, une résistance égale à l'effort qu'il exerce, etc. Après avoir établi cette loi, Newton l'étendit aux corps célestes, et il en conclut que, si le Soleil attire les planètes, réciproquement celles-ci attirent le Soleil. Ce n'est pas tout : certaines planètes,

---

(1) Il est bon d'observer que l'expression *attirer* doit être prise comme exprimant un simple fait, celui de l'identité entre le mouvement observé et le mouvement qui aurait lieu si le Soleil pouvait exercer une véritable *traction* sur la planète. On aurait tort d'y attacher un sens métaphysique. C'est pour éviter toute interprétation de ce genre, que plusieurs auteurs emploient le mot *graviter.*

Jupiter et la Terre, par exemple, sont douées de *satellites*, lesquels, dans leurs mouvements relatifs autour de la planète, obéissent aux lois de Kepler ; les satellites d'une planète sont donc attirés par celle-ci proportionnellement à leurs masses et en raison inverse des carrés de leurs distances au centre de la planète ; et, d'après le principe dont il s'agit, les satellites attirent leur planète commune en raison de leurs masses respectives et en raison inverse des carrés des distances. De plus, le Soleil attirant toutes les planètes, il est impossible de supposer qu'il n'attire pas, de la même manière, leurs satellites ; il est donc également attiré par ceux-ci (1).

232. Une planète attirant le Soleil proportionnellement à la quantité de matière qu'elle renferme, il est naturel d'admettre que toutes les parties qui la composent concourent à produire cette action, et qu'ainsi une *molécule* quelconque de la planète attire le Soleil, dans le rapport de la masse de cette molécule à la masse de la planète. En continuant de la sorte, Newton est arrivé enfin à la grande *loi de la gravitation universelle*, que l'on peut énoncer en ces termes :

Deux molécules quelconques s'attirent mutuellement, en raison directe de leurs masses et en raison inverse du carré de leur distance.

(1) A cause de la faible distance d'un satellite à sa planète, comparée à la distance de la planète au Soleil, les droites menées du centre du Soleil aux différents points de la planète et de ses satellites peuvent être regardées comme parallèles. On conclut de là que l'action du Soleil ne change pas sensiblement les *mouvements relatifs* d'une planète et de ses satellites.

DÉTAIL SUR LES PLANÈTES.

Mercure.

233. *Diamètre.* — *Distance au Soleil, etc.* — Mercure est un très petit globe, d'environ 4 980 kilomètres de diamètre, fort peu distant du Soleil, dont il nous paraît s'écarter de 29° tout au plus : cette planète est donc souvent engagée dans les rayons solaires. A cause de cela, et bien que sa lumière soit vive et scintillante, Mercure est rarement visible à l'œil nu : cependant on l'aperçoit quelquefois à l'occident, après le coucher du Soleil, ou à l'orient, avant le lever de cet astre. Il a fallu une longue suite d'observations pour reconnaître que ces apparences étaient produites par la même planète ; mais, comme la cause de cette diversité d'aspects est connue, et que l'*astre du soir* est visible quand l'*astre du matin* cesse de l'être, on a fini par conclure que ces deux astres sont un seul et même corps, oscillant de part et d'autre du Soleil. Son diamètre apparent, qui ne dépasse jamais 12″, est moyennement de 7″.

234. *Phases.* — *Passages sur le Soleil.* — Au télescope, Mercure présente des phases comme la Lune. Dans les quadratures, il paraît sous la forme d'un croissant dont les pointes sont opposées au Soleil. Quelquefois, dans ses conjonctions inférieures, il passe sur le Soleil : il nous paraît alors comme un point noir, traversant le disque de cet astre. Si l'orbite de Mercure était située dans le plan de l'écliptique, ce phénomène aurait lieu à chaque *révolution synodique*, c'est-à-dire à des intervalles de temps égaux à 116 jours environ. Mais, à cause de l'*inclinaison* du plan de l'orbite, inclinaison qui s'élève à 7°, les *passages de Mercure sur le Soleil* sont assez rares (1) : les deux derniers ont eu lieu le 8 mai 1845 et le 9 novembre 1848 ; les deux prochains passages arriveront le 12 novembre 1861, puis le 5 novembre 1868, etc. Le phénomène se présente toujours dans les mois de mai ou de novembre, parce que, à ces deux époques, la ligne des nœuds de Mercure est voisine de la terre.

235. *Rotation.* — *Saisons, etc.* — Mercure tourne autour de son axe en $24^h 5^m 8^s$; l'angle du plan de l'orbite avec l'équateur est très grand (2); de plus, l'excentricité de cette orbite s'élève à 0,206 : les variations des saisons sont donc excessives sur cette planète. Newton a reconnu que la chaleur et la lumière y sont sept fois plus grandes que sur notre globe ; le séjour de Mercure serait donc insupportable pour des êtres semblables à nous. Néanmoins, comme on lui suppose (3) une atmosphère très dense, il y a lieu de croire que cette planète est habitée.

(1) La première observation certaine du passage de Mercure sur le soleil a été faite par Gassendi, le 7 novembre 1631.

(2) Environ 70°.

(3) Cette hypothèse résulte des observations de Messier, Méchain, Schrœter, Harding, Beer et Mædler. L'existence d'une atmosphère a été cependant niée par Herschel.

Vénus.

236. *Aspect.* — Cette belle planète se reconnaît à sa lumière, beaucoup plus blanche et plus éclatante que celle de Sirius. A certaines époques, on la voit en plein jour : on estime qu'elle répand autant de lumière que vingt étoiles de première grandeur. Comme elle ne s'éloigne jamais à plus de 48 ou 49° du Soleil, on ne l'aperçoit habituellement que pendant 3 ou 4 heures, soit le matin vers l'orient, soit le soir à l'occident. Pour cette raison, on était tombé, à l'égard de Vénus, dans la même erreur que pour Mercure : on l'avait prise pour deux astres différents, dont l'un était *Lucifer*, ou *l'étoile du jour*, et dont l'autre était *Vesper*, ou *l'étoile du soir* ou *du berger*.

237. *Phases.* — Les phases de Vénus, dont nous avons déjà parlé, sont bien plus aisées à observer que celles de Mercure : Galilée, qui les reconnut le premier, en conclut le mouvement de la planète autour du Soleil.

Quand on examine Vénus au télescope, au moment de sa plus grande élongation, on remarque, sur le bord du croissant, une dégradation de lumière qui prouve l'existence d'une atmosphère autour de la planète. On pense que cette atmosphère est comparable à celle de la Terre pour la densité et l'étendue : elle paraît avoir une plus grande pureté que cette dernière, et n'être jamais chargée de nuages épais.

238. *Rotation.* — Schrœter a trouvé que Vénus a un mouvement de rotation sur elle-même, mouvement qui s'exécute en 23^h 21^m. L'angle de l'équateur avec l'orbite s'élève à 72°.

239. *Montagnes.* — L'observation de dentelures que présente la ligne intérieure du croissant a fait supposer que Vénus a des montagnes. Schrœter les croyait six fois plus hautes que celles de la Terre : cette évaluation paraît exagérée.

240. *Diamètre.* — *Distance au Soleil, etc.* — La distance moyenne de Vénus au Soleil est environ 0,723, celle de la Terre étant 1. La chaleur et la lumière y sont deux fois plus grandes que sur notre globe. Cette planète oscille, comme Mercure, de part et d'autre du Soleil, mais dans un arc plus étendu ; elle s'éloigne de cet astre, en 146 jours, jusqu'à 48° environ ; il lui faut 584 jours pour revenir à la même place par rapport au Soleil. Son diamètre apparent varie entre 9″,6 et 61″,2. Du reste, son diamètre réel est presque égal à celui de la Terre (0,985).

241. *Passages de Vénus sur le disque du Soleil.* — Ainsi que Mercure, Vénus passe quelquefois sur le Soleil, et s'y peint comme un point noir qui le traverse *de gauche à droite* (1). Lorsqu'elle décrit un diamètre du disque, la durée du passage est de 8 heures moins 6 à 8 minutes ; mais ce phénomène, observé de différents points du globe, offre des circonstances très variables. Les intervalles des passages de Vénus sont, alternativement, 8 ans, 121,5 ans, 8 ans,

____

(1) La première observation de ce genre a été faite par *Horrockes* et *Crabtree*, le 4 décembre 1639.

105,5 ans, 8 ans, 121,5 ans, etc. Les deux prochains passages auront lieu le 8 décembre 1874 et le 6 décembre 1882.

242. *Lumière cendrée.* — *Satellite.* — Plusieurs observateurs, parmi lesquels on doit citer Harding et Schrœter, ont aperçu le disque entier de Vénus à des époques où il n'était pas directement éclairé par le Soleil. Cette *lumière cendrée* n'est pas encore parfaitement expliquée. Enfin, Montaigne, Lambert et Mairan ont cru à l'existence d'un satellite de Vénus.

Mars.

243. *Grandeur.* — *Aspect.* — Le diamètre apparent de Mars varie entre 4″ et 18″; son diamètre réel est, presque exactement, moitié celui de la Terre (0,519) ; le volume de cette planète est donc $\frac{1}{8}$ de celui de notre globe; en sorte qu'il équivaut à 6 fois le volume de la Lune, ou 3 fois le volume de Mercure. Malgré ces faibles dimensions, la planète est très facilement observable à la vue simple, à cause de sa proximité de la Terre : on la reconnaît à sa lumière rougeâtre très prononcée. Quand on l'observe au télescope, « on distingue parfaitement, suivant Herschel, les contours de ce qui peut être continents et mers. » Les premiers sont accusés par la teinte rougeâtre dont nous venons de parler ; ce qu'on suppose être la mer a une apparence verdâtre. Ces taches, quand elles sont visibles, ont des formes très définies ; elles paraissent se mouvoir sur la planète : celle-ci a donc un mouvement de rotation. Parmi les taches, il y en a de blanches, situées près des pôles, et qui sont probablement des neiges et des glaces : en effet, elles disparaissent quand elles ont été longtemps exposées au Soleil.

244. *Rotation.* — *Translation.* — La rotation de Mars s'effectue en $24^h 39^m 21^s$; son axe est incliné de $30° 18'$ sur l'écliptique. Quant à sa révolution sidérale, elle s'effectue en 687 jours environ : l'année de Mars est donc presque double de la nôtre. Son ellipse, très excentrique, rend très variables les apparences de la planète (1) : en août 1719, Mars était à la fois au périhélie et en opposition; l'éclat qu'il jetait porta l'effroi chez les ignorants.

245. *Aplatissement.* — Le disque de Mars n'est pas exactement circulaire : d'après Arago, l'aplatissement de cette planète serait considérable, et égal à $\frac{1}{30}$ environ.

Jupiter.

246. *Aspect.* — *Grandeur, etc.* — Jupiter est remarquable par la vivacité de sa lumière, dont l'éclat surpasse quelquefois celui de Vénus : c'est la plus grosse des planètes; elle est 1 414 fois plus volumineuse que la Terre; son diamètre apparent varie entre $30''$ et $46''$. Son orbite, dont le rayon surpasse 5 fois celui de l'écliptique, embrasse celle de Mars, et aussi les orbites des

(1) Cette variété de grandeur et d'éclat, qui provient des irrégularités du mouvement réel ou apparent de Mars, fut ce qui engagea Kepler à s'occuper de cette planète : l'ouvrage intitulé *de Stella Martis* est celui dans lequel on trouve énoncées et démontrées pour la première fois les *lois de Kepler*.

soixante-deux petites planètes actuellement connues.

247. *Révolution sidérale.* — Jupiter effectue sa révolution sidérale en 12 ans à peu près (4332^j,58); ses oppositions reviennent tous les 399 jours, la longitude augmentant de 30° chaque fois; de sorte qu'en 12 ans la planète se trouve en opposition, successivement dans toutes les *constellations zodiacales.*

248. *Aplatissement.* — Le disque de Jupiter est plus sensiblement elliptique encore que celui de Mars : le rapport de l'axe équatorial à l'axe polaire est égal à 1,07.

249. *Jours et saisons.* — L'orbite de Jupiter est très peu inclinée à l'écliptique (1° 18′ 52″) : elle fait, avec l'équateur de la planète, un angle d'environ 3° seulement ; par conséquent, à la surface de cet astre, les jours doivent, presque partout, être égaux aux nuits : la durée des uns et des autres est d'environ 5 heures, attendu que la rotation de Jupiter s'effectue en 9^h 56^m. C'est ce dont on s'est assuré, comme pour les autres planètes, par l'observation des taches (1). Le peu d'obliquité de l'équateur sur l'orbite, qui donne aux jours une longueur presque constante, fait que la vicissitude des saisons doit être à peu près inconnue à la surface de cette planète.

250. *Satellites de Jupiter.* — Jupiter, bien

(1) A ce sujet, il est bon de remarquer qu'indépendamment des taches faisant corps avec la planète, il en est d'autres, très variables d'aspect, ayant la forme de zones parallèles à l'équateur, et qui semblent être de longues traînées de nuages.

plus favorisé que nous à cet égard, possède *quatre* satellites, c'est-à-dire *quatre lunes*, qui circulent autour de l'astre, d'*occident* en *orient*, dans des plans très peu inclinés sur son orbite. Les durées des *révolutions* et des *rotations* (1) de ces satellites sont respectivement :

1er satellite. . . .	$1^j\ 18^h\ 27^m\ 33^s$
2e —	3 13 14 36,
3e —	7 3 42 33.
4e —	16 16 31 50,

251. Sans qu'il soit nécessaire d'insister sur ce point, on comprend combien doit être intéressant, pour les *habitants de Jupiter*, le spectacle de ces astres : ils s'élèvent sur l'horizon, tantôt ensemble, tantôt séparément ; quelquefois ils passent sur le disque du Soleil ; à chacune de leurs oppositions, les trois premiers sont *éclipsés* par la planète, etc.

252. *Vitesse de la lumière.* — La découverte des satellites de Jupiter, par Galilée, était très importante au point de vue philosophique, en ce que l'existence de ce *monde en miniature* rendait excessivement probable le système de Copernic ; elle le devint bien davantage quand elle permit à l'astronome danois Roëmer de *mesurer* la vitesse de la lumière.

Pour expliquer en peu de mots ce grand fait physique et astronomique, supposons que l'on ait observé trois éclipses d'un satellite : la première au moment d'une *opposition* de Jupiter,

(1) Tous les satellites effectuent, comme la Lune, leur mouvement de translation et leur mouvement de rotation dans le même temps.

la deuxième pendant une *conjonction*, la troisième enfin à l'instant d'une nouvelle *opposition*.

Si la lumière se transmettait *instantanément*, ou si sa vitesse était *infinie*, le temps compris entre les *observations* des deux premières éclipses devrait être égal à celui qui s'est écoulé entre les observations des deux dernières; parce que, en négligeant les excentricités des orbites, les positions (J, T) (J″, T″) sont symétriques par rapport à (J′, T′). Mais si la lumière emploie un certain temps pour parcourir l'espace compris entre Jupiter et la Terre, il arrivera que chaque éclipse sera *vue* après qu'elle aura eu lieu; de plus, les trois retards seront égaux, respectivement, au temps qu'emploie la lumière *à aller* de J en T, de J′ en T′, et de J″ en T″. Par suite, *l'in-*

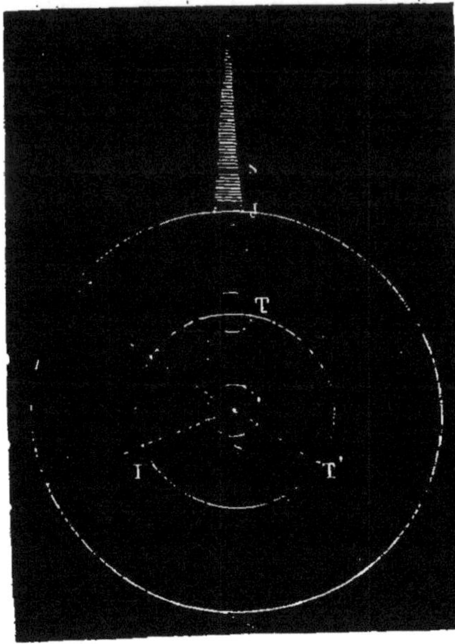

tervalle des deux observations surpassera celui des deux premières éclipses, du temps qu'em-ploierait la lumière à parcourir une distance égale à l'excès de J′ T′ sur J T, ou égale au diamètre de l'orbite terrestre. Pour la même raison, le temps compris entre les deux dernières observations est égal au temps compris entre les moments des deux dernières éclipses, diminué de celui pendant lequel la lumière franchit un diamètre de l'écliptique. *La différence entre les deux temps observés représente donc le temps que la lumière emploie pour parcourir le double du diamètre de l'orbite terrestre.* Or, d'après les expériences de Rœmer, cette différence est égale à $32^m52^s,2$: la lumière du Soleil nous parvient donc en $8^m 13^s$ (1).

En admettant que le rayon de l'orbite terrestre soit égal à 153 500 000 kilomètres, nous aurons, pour le chemin parcouru par la lumière en une seconde, $\frac{153\ 500\ 000}{49\ 498}=311\ 351$. La *vitesse de la lumière* est donc de **311 351** *kilomètres par seconde.*

Saturne.

253. *Diamètre.* — *Distance au Soleil.* — Saturne, à raison de sa grande distance, ne nous apparaît que sous un diamètre de 16″ à 40″, quoiqu'il soit 735 fois plus gros que la Terre. Son orbite, dont le plan est presque confondu avec celui de l'écliptique, a un rayon qui vaut neuf fois et demie celui de l'orbite terrestre. Saturne emploie près de 30 ans à la parcourir.

254. *Rotation.* — *Bandes.* — On pense que cette planète tourne en $10^h29^m17^s$, autour d'un axe incliné de 61° 20′ sur l'écliptique. Elle présente, comme Jupiter, des bandes sombres, parallèles à l'équateur, et que l'on croit être des amas de nuages.

(1) Des expériences récentes de M. *Foucault* lui ont fait adopter, au lieu de cette vitesse, 298,000 *kilomètres par seconde.*

255. *Satellites de Saturne.* — Indépendamment de ses merveilleux anneaux, dont nous parlerons tout à l'heure, Saturne possède *huit* lunes ou satellites. Voici leurs *noms*, leurs éléments principaux et les époques où ils ont été découverts.

SATELLITES.	RÉVOLUTION sidérale,				DISTANCE moyenne.	DÉCOUVERT par
1. Mimas.	0j	22h	37m	23s	3,35	Huygens, 25 mars 1655.
2. Encelade.	1	8	53	7	4,30	
3. Thétis.	1	21	18	26	5,28	
4. Dioné.	2	17	41	9	6,82	D. Cassini, 1672 et 1684.
5. Rhéa.	4	12	25	11	9,52	
6. Titan.	15	22	41	25	22,08	
7. Hypérion.	22	12	»	»	26,78	M. Lassel, 18 sept. 1848.
8. Japhet.	79	7	53	40	64,36	D. Cassini, 1671.

256. *Anneaux de Saturne.* — La planète Saturne présente un phénomène *unique* dans le système solaire : elle est accompagnée de *trois anneaux* larges, excessivement minces, à peu près situés dans le plan de son équateur, concentriques avec la planète, et qui apparaissent, tantôt sous la forme d'une ellipse dans laquelle le rapport des axes est au plus $\frac{1}{2}$, tantôt sous la forme d'une ligne droite qui traverse le disque planétaire. De ces trois anneaux, les deux plus larges sont *lumineux*, c'est-à-dire *fortement éclairés* par le Soleil ; le troisième est *obscur* et *transparent :* il laisse apercevoir le corps de la planète. L'existence de ce singulier appendice de Saturne a été mise hors de doute, il y a quelques années, par le capitaine W. S. Jacob. D'après cet habile observateur, voici quelles sont les dimensions des trois anneaux :

Rayon *extérieur* de l'anneau *extérieur* 141 311 k.
 — *intérieur*   —   —   125 052
 — *extérieur*   —   *intérieur* 122 757
 — *intérieur*   —   —   93 192
 — *intérieur*   —   *obscur*   39 266

Quant à l'épaisseur des anneaux, elle ne dépasse pas 402 kilomètres, suivant M. J. Herschel.

257. Quelques astronomes pensent que les anneaux sont, accidentellement au moins, striés de nombreuses lignes sombres, parallèles à celle qui sépare les deux anneaux (1). Si cette conjecture se confirmait, le merveilleux satellite de Saturne serait véritablement composé d'une *série d'anneaux*, tournant avec une grande vitesse autour de la planète : leur rotation s'effectue, d'après Herschel, en $10^h 29^m 17^s$ (2).

(1) M. W. S. Jacob a vu « la *division* très fine qu'on avait soupçonnée sur l'anneau lumineux extérieur. Cette division se montrait fortement et se continuait à travers plus de la moitié de la circonférence. Ce phénomène resta évident pendant les sept mois que la planète resta visible. » (*Comptes rendus de l'Académie des sciences*, tome XXXVII, page 602.)

(2) Nous venons de parler de l'anneau *obscur* et *transparent*. De plus, on pense que les *anneaux anciennement connus se rapprochent de la planète*. Ces phénomènes remarquables ne permettent-ils pas de supposer que Saturne est entouré d'une très grande quantité d'*aérolithes* ou étoiles filantes ?

Uranus.

258. Cette planète a été découverte, en 1781, par le célèbre W. Herschel, dont elle porta d'abord le nom. Son grand éloignement du Soleil et, par suite, de la Terre, fait que nous ne savons presque rien sur sa constitution physique. Son disque, de 4″ de diamètre apparent, est uniformément éclairé, sans anneaux, sans zones et sans taches distinctes. Son volume est égal à 80 fois celui de notre globe. Uranus est entouré de satellites, lesquels sont *peut-être* au nombre de *huit* (1). Les orbites de deux d'entre eux sont *presque perpendiculaires à l'écliptique*. De plus, ces deux satellites se meuvent d'*orient* en *occident*. Ces dernières circonstances, *uniques* dans le système solaire, sont très dignes de remarque.

Neptune.

259. *Découverte de Neptune.* — Si le lecteur a bien saisi l'exposition du principe de la *gravitation universelle*, il doit comprendre que les lois de Kepler, au moins en ce qui concerne la nature des orbites, sont seulement *approchées*. En effet, considérons deux planètes A, B et le Soleil S, soumis à leurs attractions mutuelles. Si la planète A était sollicitée seulement par le Soleil, elle se mouvrait dans une ellipse *abc*, ayant le point S pour foyer (2). Mais elle est attirée par

(1) *Trois* de ces huit satellites n'ont été vus que par W. Herschel.

(2) Cette première proposition serait inexacte si l'on considérait le mouvement *absolu* de la planète :

la planète B : conséquemment, son orbite sera une certaine courbe $a'b'c'$, qui s'écartera d'autant plus de abc que la planète B sera plus voisine de

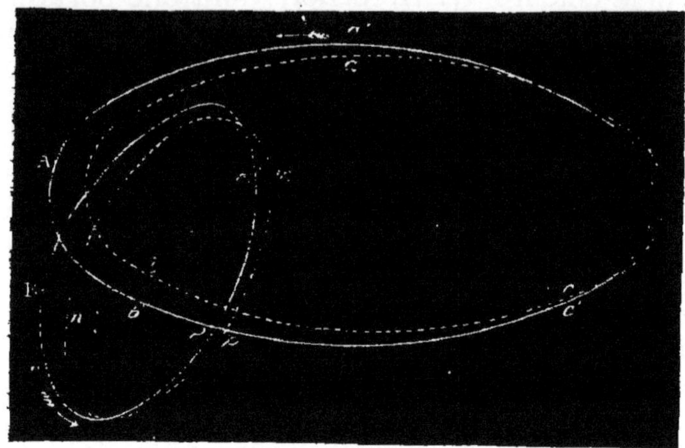

A et qu'elle aura une masse plus considérable. Cet écart, ce dérangement apporté dans la marche *régulière* de A, constitue les *perturbations* de cette planète. B est la planète *perturbatrice*. Il est bien entendu que la planète *perturbée* A est, à son tour, planète perturbatrice, et que l'astre B, au lieu de parcourir l'ellipse mnp, décrit une certaine courbe $m'n'p'$.

260. La théorie des perturbations planétaires appartient à la *Mécanique céleste*, et nous ne pouvons, en aucune façon, donner une idée des difficultés qu'elle présente : qu'il nous suffise de dire que, grâce aux efforts d'un grand nombre de géomètres, parmi lesquels on doit citer prin-

elle est absolument vraie quand il s'agit de son mouvement *relatif*, le Soleil étant supposé *fixe*.

cipalement Lagrange, Laplace et Poisson, les astronomes sont parvenus à déterminer à l'avance, avec une précision merveilleuse, les mouvements de tous les astres composant le système solaire.

261. Cette assertion, vraie aujourd'hui, ne l'était pas complètement il y a quelques années : Uranus paraissait échapper à la loi de la gravitation. A diverses reprises, on avait essayé, mais en vain, de déterminer le mouvement de cette planète, en partant des positions observées antérieurement, et en calculant les perturbations produites par Jupiter et par Saturne (1) : au bout d'un petit nombre d'années, la discordance entre la théorie et l'observation était si considérable, qu'elle faisait le désespoir des astronomes.

262. Les choses en étaient là, quand, à la fin de 1844 ou au commencement de 1845, M. *Leverrier*, en France, et M. *Adams*, en Angleterre, sans s'être concertés et sans même se connaître, entreprirent à la fois de résoudre la question suivante : Trouver les éléments de la planète inconnue *qui, conjointement avec Jupiter et Saturne, produit les perturbations d'Uranus* (2). Par une rencontre fortuite, mais qui n'est pas sans exemple dans l'histoire des sciences, les solutions de ces deux géomètres, parfaitement

(1) Les autres planètes, à cause de leur grand éloignement et de leur faible masse, ne produisent sur Uranus que des perturbations insignifiantes.

(2) Les *éléments* d'une planète sont sa masse, sa distance moyenne au soleil, l'excentricité de son orbite, etc.

indépendantes, se sont trouvées d'accord d'une manière étonnante, eu égard à la nature et à la difficulté du problème (1).

263. L'idée d'une planète perturbatrice inconnue n'était pas nouvelle ; Bouvard et d'autres astronomes l'avaient eue. Mais, pour poser le problème dont nous venons de rappeler l'énoncé, il fallait presque de l'audace ; pour le résoudre heureusement, il fallait être doué d'une admirable sagacité, jointe à une connaissance approfondie des formules de la Mécanique céleste. Aussi, la circonspection avec laquelle on avait accueilli les communications de M. Leverrier se changea-t-elle en un long cri d'admiration, quand on apprit que M. *Galle*, de Berlin, venait de *trouver la planète presque précisément à la place, et sous les circonstances prédites par le géomètre français* (2) (23 septembre 1846).

264. La méthode suivie pour arriver à la découverte de la planète Neptune diffère complétement, on le voit, de tout ce qui avait été tenté auparavant par les géomètres et les astronomes. « Ceux-ci ont quelquefois trouvé, accidentellement, un *point mobile*, une planète, dans le champ de leurs télescopes ; M. Leverrier a

(1) Je reproduis ici, presque textuellement, les paroles de J. Herschel (*Astronomie*, traduction de *Vergnaud*). Il ne m'appartient pas d'examiner si, comme on l'a cru autrefois, les calculs de M. Adams ont été produits après coup, dans le dessein de ravir à la France un triomphe scientifique.

(2) M. Schumacher, lettre à M. Leverrier (*Comptes rendus de l'Académie des sciences*, tome XXIII, page 660.)

aperçu le nouvel astre sans avoir besoin de jeter un seul regard vers le ciel; il l'a vu *au bout de sa plume*; il a déterminé, par la seule puissance du calcul, la place et la grandeur d'un corps situé bien au delà des limites jusqu'ici connues de notre système planétaire, d'un corps dont la distance au Soleil surpasse 1 200 millions de lieues, et qui, dans nos plus puissantes lunettes, offre à peine un disque sensible (1). »

265. La nouvelle planète possède un satellite, découvert par M. *Lassell* (8 juillet 1847).

Des petites planètes.

266. On a vu qu'il existe, entre Mars et Jupiter, un groupe nombreux de planètes microscopiques qui sont venues combler, pour ainsi dire, une lacune résultant de la loi empirique de Titius. La découverte de ces *astéroïdes* a commencé avec le siècle : le 1er janvier 1801 (2), la planète *Cérès* était vue par *Piazzi*, directeur de l'observatoire de Palerme; l'astronome *Olbers* découvrit *Pallas* en 1802 et *Vesta* en 1807 ; *Junon* fut aperçue par *Harding* en 1804. Enfin, dans l'intervalle compris entre 1845 et 1864, le nombre des petites planètes a été porté à 79, grâce à divers astronomes ou *amateurs*, parmi lesquels on doit mentionner MM. *Hind*, *Luther* et *Goldschmidt* (3).

(1) ARAGO (*Comptes rendus*, tome XXIII; page 660).

(2) Il n'est peut-être pas inutile de faire observer que *l'année 1800 appartient au dix-huitième siècle.*

(3) Le premier de ces trois observateurs a découvert *dix* petites planètes, et le deuxième *treize*. M. Goldschmidt, qui est *artiste peintre* en a découvert *quatorze*

CHAPITRE X.

DES COMÈTES.

—

Généralités sur les comètes (1).

267. *Définitions*. — *Comète* veut dire *étoile chevelue*.

Le point lumineux, plus ou moins éclatant, qui s'aperçoit au centre d'une comète, s'appelle le *noyau*.

La nébulosité, l'espèce d'auréole qui entoure le noyau, porte le nom de *chevelure*.

La traînée lumineuse qui accompagne ordinairement une comète en constitue la *queue*.

Les astronomes modernes appelleraient *comète*, malgré l'étymologie, un astre qui pourrait n'avoir ni queue ni chevelure. A leurs yeux, les comètes ont pour caractères distinctifs : 1° *d'être douées d'un mouvement propre ;* 2° *de pouvoir se transporter à de si grandes distances de la Terre, qu'elles cessent alors d'être visibles.*

Constitution physique des comètes.

268. *Noyau*. — Les comètes ont souvent des noyaux assez semblables aux planètes par la forme et par l'éclat. Généralement ils sont très petits ; mais le contraire s'observe aussi quelquefois. Voici un tableau des diamètres de plusieurs noyaux de comètes :

(1) Cette partie de notre travail est tirée, presque mot à mot, des deux *Notices sur les comètes,* dues à la savante plume d'Arago. (*Annuaires* pour 1832 et 1843.)

Comète de 1798,   44 kilomètres.
Comète de décembre 1805,   48
Comète de 1799,   616
Comète de 1807,   888
Seconde comète de 1811,   4 356

Quelques astronomes prétendent que les noyaux cométaires jouissent d'une complète diaphanéité ; que les comètes, en un mot, sont toujours de simples amas de vapeurs. Cette opinion paraît exagérée : de la discussion à laquelle M. Arago s'est livré, il résulte qu'il existe :

1° Des comètes sans noyau ;

2° Des comètes dont le noyau est *peut-être* diaphane ;

3° Des comètes *plus brillantes que les planètes*, dont le noyau est *probablement* solide et opaque.

269. *Nébulosité* ou *chevelure*. — Toutes les comètes présentent cette espèce de *nébulosité*, ce brouillard que les anciens appelaient la *chevelure :* la nébulosité de la petite comète de 1804 avait 8 000 *kilomètres* de diamètre.

La matière de la nébulosité est si rare, si diaphane, que les plus faibles lumières peuvent la traverser dans une immense profondeur, sans cesser d'être visibles. Ainsi, par exemple, Struve distinguait parfaitement une étoile de 11e grandeur, à travers la partie centrale de *la comète à courte période.*

Quand il existe un noyau au centre d'une comète, il arrive rarement que la nébulosité s'étende jusqu'à lui avec une intensité progressivement croissante. Les parties de cette nébulosité voisine du noyau sont au contraire peu lumineuses ; elles semblent être extrêmement rares, elles paraissent très diaphanes. A quelque distance du centre, leur propriété éclairante éprouve un accroissement subit, en sorte qu'à partir de là on voit comme un anneau plus ou moins large qui reste ainsi en équilibre, suspendu autour de l'astre. Quelquefois on a aperçu deux et même jusqu'à trois de ces anneaux concentriques, séparés par des intervalles où la lumière était à peine sensible. On conçoit que ce qui, en projection, paraît un anneau circulaire, doit être en réalité une *enveloppe sphérique*. Dans la comète de 1811, l'enveloppe n'avait pas moins de *quarante mille kilomètres* d'épaisseur, et *quarante-huit mille kilomètres* séparaient sa surface intérieure du centre du noyau.

270. *Queue.* — Ordinairement, la queue est placée *derrière la comète*, à l'opposite du Soleil ; quelquefois, cependant, son axe fait un angle considérable avec la droite qui joint les deux astres. Au reste, *la queue incline constamment vers la région que la comète vient de quitter*, comme si, dans son mouvement à travers un milieu gazeux, la matière dont elle est formée éprouvait plus de résistance que celle du noyau.

Souvent, au lieu d'être rectiligne, la queue a une courbure très sensible (1). Celle de la comète de 1744 formait presque un quart de cercle dans l'étendue de quelques degrés.

(1) Il en était ainsi de la magnifique *comète de Donati*, visible il y a trois ans.

Les queues s'élargissent beaucoup en s'éloignant de la tête de la comète; leur milieu présente ordinairement une bande obscure qui les partage longitudinalement en deux parties distinctes et souvent presque égales. Les anciens observateurs voyaient dans cette bande l'ombre du corps de la comète. Cette explication ne pourrait pas s'appliquer aux queues non dirigées vers le Soleil. On satisfait plus généralement à tous les détails du phénomène, en considérant la queue comme un cône creux dont l'enveloppe aurait une certaine épaisseur. On voit aisément que la ligne visuelle dirigée près des bords de ce cône traverse beaucoup plus de particules nébuleuses que la ligne passant par le centre; or, que ces particules brillent par elles-mêmes, ou qu'elles réfléchissent seulement les rayons du Soleil, c'est leur nombre total qui, dans chaque direction, doit déterminer l'intensité de la lumière. Ainsi, dans l'hypothèse d'un cône creux, le plus grand éclat des bords de la queue, l'existence de deux bandes lumineuses séparées par un espace comparativement obscur, ne présentent plus de difficulté.

Il n'est pas rare que les comètes aient plusieurs queues séparées. Celle de 1744, le 7 et le 8 mars, en avait jusqu'à six, larges chacune d'environ 4 degrés, et longues de 30 à 44; leurs bords étaient tranchés et assez vifs; leur milieu n'émettait qu'une lumière très atténuée; l'entre-deux de ces diverses queues était aussi sombre que le reste du ciel.

Les queues des comètes embrassent quelquefois d'immenses espaces. Voici les longueurs de quelques-unes d'entre elles :

Queue de la comète de 1680, plus de [illegible] 000 000^{km}
—   —   1769,   —   54 000 000
Queues multiples de
   la comète de..... 1744,   —   12,000,000

271. *Faible masse des comètes.* — Les comètes ont des masses très petites; elles consistent presque toujours, comme on vient de le voir, en une sorte de vapeur plus ou moins condensée : aussi les astronomes n'ont remarqué, jusqu'à présent, aucun dérangement causé par ces astres dans le système solaire. La comète de 1770, qui a été très voisine de la Terre (1), n'a produit aucun trouble dans notre mouvement. Laplace a calculé que si sa masse eût égalé celle de notre globe, la longueur de l'année sidérale aurait augmenté de $2^h 53^m$. La masse de cette comète n'était certainement pas le $\frac{1}{5000}$ de celle de notre globe : elle était probablement bien moindre encore, puisque l'astre a passé au milieu des satellites de Jupiter sans y causer la moindre perturbation (2).

(1) On se tromperait étrangement si, par cette expression de *très voisine*, on entendait que la comète a passé à quelques myriamètres de la surface terrestre. Quand il s'agit de l'espace indéfini, l'échelle des distances est toujours très grande : au moment où la comète de 1770 était *le plus voisine* de notre globe, elle s'en trouvait encore éloignée de 368 rayons terrestres.

(2) M. Babinet est bien plus explicite encore que Laplace. Après avoir rappelé qu'en 1828, « la comète d'Encke formait un globe régulier d'environ 500 000

Comètes périodiques.

272. Si toutes les comètes décrivaient des ellipses autour du Soleil, on pourrait toujours, après avoir observé pendant quelque temps une comète *nouvelle*, *prédire* l'époque de son *retour* au périhélie : toutes les comètes seraient donc *périodiques*. Mais, de même que l'attraction mutuelle des planètes modifie l'orbite de chacune d'elles, l'attraction qu'elles excercent sur les comètes altère les trajectoires de ces astres. A cause de la ténuité de la matière qui compose ceux-ci, ces perturbations peuvent être énormes, surtout si la planète *perturbatrice* a une masse considérable. Ainsi, l'orbite d'une comète, après avoir peu différé d'une ellipse dans un arc

kilomètres de diamètre, sans noyau distinct, » au travers duquel « M. Struve vit une étoile de onzième grandeur, sans noter de diminution d'éclat, » le savant académicien cherche à évaluer le rapport entre la densité de la substance cométaire et la densité de l'atmosphère Terrestre. Des calculs que nous ne pouvons rapporter ici le conduisent aux propositions suivantes :

1° La substance d'une comète ne pourrait être évaluée, en densité, à une quantité aussi élevée que celle de l'atmosphère divisée par

45 000 000 000 000 000;

2° La masse de la comète (d'Encke) est environ

$$\frac{1}{194\ 000\ 000\ 000\ 000\ 000\ 000\ 000\ 000}$$

de celle de la Terre ;

3° A ce compte, une comète grosse comme la Terre pèserait seulement 3 000 kilogrammes.

(*Comptes rendus de l'Académie des sciences*, tome XLIV, p. 360.)

assez long, pourra être changée en une courbe totalement différente de l'ellipse, si l'astre parvient dans le voisinage de Jupiter ou de Saturne. On comprend même que, dans certains cas, il serait possible qu'une comète devînt *satellite* d'une planète. En faisant abstraction de cette dernière circonstance, qui ne s'est peut-être jamais réalisée, et en nous bornant à considérer le cas le plus probable *a priori*, nous voyons qu'une même comète, lors de ses passages successifs au périhélie, pourra se mouvoir dans des arcs elliptiques ou paraboliques tellement dissemblables, qu'il sera impossible de *constater l'identité* de l'astre (1). Il doit donc arriver fréquemment que des comètes *anciennes*, et par conséquent *périodiques*, soient regardées comme étant *nouvelles*.

273. Indépendamment des comètes dont la période est inconnue, parce que leur orbite est perturbée à chaque révolution, il peut y en avoir qui, après s'être rapprochées du Soleil jusqu'à une certaine distance, s'en éloignent, *soit indéfiniment, soit au delà de sa sphère d'attraction*, de manière à passer dans *d'autres systèmes solaires*. En effet, la trajectoire d'un corps sollicité vers un centre fixe, en raison inverse du carré de la distance, n'est pas *nécessairement* une ellipse : elle peut être une *parabole* et même une *hyperbole;* et comme ces courbes sont *ouvertes,* un astre qui les parcourrait deviendrait invisible

(1) Les circonstances physiques relatives à la nébulosité, à la forme et à l'étendue de la queue, etc., ne peuvent pas servir à faire *reconnaitre* une comète, parce qu'elles changent très brusquement.

à jamais, après l'époque où il était voisin du Soleil (1).

274. Après les considérations dans lesquelles nous venons d'entrer, on ne s'étonnera pas si, sur environ 140 comètes dont les éléments sont connus, il y en ait seulement une douzaine qui soient *certainement* périodiques. Parmi ces dernières, on distingue les comètes de *Halley*, d'*Encke*, de *Biéla*, de *Faye* et la comète de d'*Arrest*.

Comète de Halley.

275. Une comète s'étant montrée en 1682, Halley en détermina les éléments paraboliques, qui se trouvèrent presque identiques avec ceux d'une comète de 1607. A cause de la grande similitude entre ces deux groupes d'éléments, Halley se crut autorisé à conclure que les deux comètes étaient un seul astre qui reparaîtrait au bout de 77 ans, c'est-à-dire *vers la fin de* 1758 *ou au commencement de* 1759.

Cette prédiction, en se vérifiant, devait créer une ère nouvelle dans l'Astronomie cométaire. Afin de convaincre les plus incrédules, on pensa qu'il serait utile de faire disparaître, quant à la date du retour, le vague dans lequel Halley s'était renfermé. C'est ce problème si difficile que Clairaut résolut. Il trouva qu'à raison du ralentissement que l'attraction des planètes apporte-

(1) On cite parmi les comètes à orbites *probablement* hyperboliques, celles de 1723, de 1771, et la seconde comète de 1818. M. *Encke*, directeur de l'observatoire de Berlin, a cru devoir ranger dans cette catégorie la grande comète de 1843.

rait dans sa marche, la comète emploierait 618 jours *de plus* que dans les révolutions précédentes, savoir : 100 jours par l'effet de Saturne et 518 jours par l'action de Jupiter. Le passage devait ainsi correspondre au milieu d'avril 1759. Clairaut avertit toutefois que, pressé par le temps, il n'avait pas fait son calcul avec toute la rigueur possible, et que l'erreur pourrait s'élever à 30 jours. L'événement justifia toutes ces annonces, car la comète passa au périhélie le 12 mars 1759 (1).

276. Ce grand événement astronomique, cette confirmation éclatante de la théorie de Newton, devait se reproduire en 1835. Bien avant cette époque, MM. *Damoiseau*, *Pontécoulant*, *Rosenberger* et *Lehmann* calculèrent le retour de la comète au périhélie, et le fixèrent respective-

---

(1) « Remarquons, à l'avantage des progrès de l'esprit humain, que cette comète qui, dans le dernier siècle, a excité le plus vif intérêt parmi les géomètres et les astronomes, avait été vue d'une manière bien différente quatre révolutions auparavant, en 1456. La longue queue qu'elle traînait après elle répandit la terreur dans l'Europe, déjà consternée par les succès rapides des Turcs qui venaient de renverser le Bas-Empire ; et le pape Calixte ordonna des prières publiques, dans lesquelles on conjurait la comète et les Turcs. On était loin de penser, dans ces temps d'ignorance, que la nature obéit toujours à des lois immuables. Suivant que les phénomènes arrivaient et se succédaient avec régularité, ou sans ordre apparent, on les faisait dépendre des causes finales ou du hasard, et lorsqu'ils offraient quelque chose d'extraordinaire et semblaient contrarier l'ordre naturel, on les regardait comme autant de signes de la colère céleste. » (LAPLACE.)

ment au 4, au 7, au 11 et au 26 novembre. Dès le 5 août, la comète était observée à Rome, par M. *de Vico*, dans le point du ciel assigné par M. Rosenberger, et, le 16 novembre, elle passait au périhélie.

Comète de Biéla.

277. Elle a été aperçue à Johannisberg, par M. Biéla, le 27 février 1826, et dix jours après, à Marseille, par M. Gambart. Celui-ci reconnut qu'elle avait déjà été observée en 1805 et en 1772. Il trouva que sa période est de 6 ans ½ (2410 jours). Elle a reparu, ainsi qu'on l'avait annoncé, en 1832 et en 1846. Son orbite coupe presque celle de la Terre : si, en 1832, notre globe eût été d'un mois en avance de son lieu, il eût passé à travers la comète. Aussi les populations, bien que délivrées de leurs anciennes terreurs superstitieuses, se demandaient-elles avec inquiétude si la rencontre n'aurait pas lieu (1).

(1) « Ce choc, quoique possible, est si peu vraisemblable dans le cours d'un siècle, il faudrait un hasard si extraordinaire pour la rencontre de deux corps aussi petits relativement à l'immensité de l'espace dans lequel ils se meuvent, que l'on ne peut concevoir, à cet égard, aucune crainte raisonnable. Cependant la petite probabilité d'une pareille rencontre peut, en s'accumulant pendant une longue suite de siècles, devenir très grande. Il est facile de se représenter les effets de ce choc sur la Terre. L'axe et le mouvement de rotation changés ; les mers abandonnant leur ancienne position pour se précipiter vers le nouvel équateur ; une grande partie des hommes et des animaux noyés dans ce déluge universel, ou détruits par la violente secousse imprimée au globe terrestre ; des espèces entières anéanties ; tous les

278. A sa dernière apparition, en 1846, cette comète présenta une particularité qui frappa d'étonnement tous les astronomes, et qui n'a pas d'exemple dans l'histoire de la science. On la vit se séparer en deux comètes distinctes, qui, après leur *dédoublement*, voyagèrent à peu de distance l'une de l'autre, dans un arc d'environ 70 degrés de leur orbite apparente. En même temps, il y eut un singulier *échange de lumière* entre les deux astres : le premier, celui qu'on peut appeler l'*ancienne* comète, fut d'abord beaucoup plus brillant que l'autre ; puis, au bout de quelques jours, la *nouvelle* comète avait acquis sur sa compagne une supériorité décidée ; après quoi celle-ci redevint prépondérante ; deux mois après la *séparation*, la comète était redevenue simple.

Comète de Charles-Quint.

279. Pour compléter ce que nous avions à dire sur les comètes, nous transcrirons ici quelques lignes dues à une plume aussi spirituelle que savante et érudite :

« En 1556, une grande et belle comète apparaît. Charles-Quint, qui temporisait pour son abdication, n'hésite plus : c'est à lui seul que la comète s'adresse, comme au plus illustre de tous les souverains d'alors. Il espère que l'influence qui le menace comme tête couronnée n'aura plus de prise sur un homme privé, sur un moine. Il monuments de l'industrie humaine renversés : tels sont les désastres que le choc d'une comète a dû produire, si sa masse a été comparable à celle de la Terre. » (LAPLACE.)

se hâte de se rendre en Espagne, au monastère où il doit encore vivre près de deux ans. Tout ceci n'a rien d'étonnant : c'est l'esprit, ce sont les croyances du siècle ; mais au milieu du siècle dernier, on calcule cette *comète de Charles-Quint*, et on la trouve analogue à d'autres comètes qui, à trois cents ans de distance, se sont montrées dans le ciel. ... » « ... On calcule donc le retour de cette grande comète pour 1848. Point de contradicteurs ; ce retour est inscrit dans tous les livres d'exposition scientifique. Plusieurs astronomes, un peu avant 1848 et depuis, cherchent inutilement cette précieuse comète de trois cents ans de révolution, et qui serait une si belle acquisition pour notre système solaire ; mais déjà 1848, 1849, 1850, 1851, 1852 et presque tout 1853 se sont écoulés (1), et nous n'avons point de nouvelles de l'astre tant attendu. » « ... Pourquoi la comète de 1556 ne reparaît-elle pas? Le voici :

» A côté de l'influence prépondérante du Soleil se place l'action bien plus faible, mais cependant sensible, des planètes, comme Jupiter, Saturne, Uranus, Neptune, qui fausse un peu la régularité de la marche des comètes autour du Soleil. Il restait donc, pour savoir à quoi s'en tenir sur le compte de la comète de trois cents ans, il restait, dis-je, à faire pour cette comète ce que Clairaut, Lalande et Mme Lepaute avaient fait pour la comète de Halley, à son retour de 1759. Mais qui oserait tenter une entreprise si gigantesque pour une orbite parcourue en trois

(1) Et aussi presque tout 1864 !

cents ans, tandis que pour soixante-dix-sept ans
la difficulté était presque inabordable? M. Hind
nous apprend qu'un astronome de Middelbourg,
en Zélande, M. Bomm, animé d'une de ces passions froides qu'on dit être encore plus énergi-
ques que les passions ardentes, a entrepris et
accompli ce travail herculéen avec *une immense
dépense de temps et de labeur.* Le résultat a bien
payé sa persévérance ; il a trouvé que le retour
de la grande comète du milieu de ce siècle serait
retardé de dix ans, et qu'avec une incertitude
seulement de deux ans, nous aurons la comète
en 1858 (1). » (BABINET, *Etudes et lectures.*)

CHAPITRE XI.

ASTRONOMIE STELLAIRE.

—

Distance des étoiles à la Terre.

280. A, B étant deux positions d'un observateur, si l'on mesure la *base*
AB et les angles formés par
cette base avec les rayons
visuels dirigés vers une é-
toile E, ces éléments dé-
terminent le triangle ABE,
dans lequel on pourra calculer AE, BE. Cette mé-
thode, très exacte en théorie, exige, pour être ap-
plicable, que la base AB

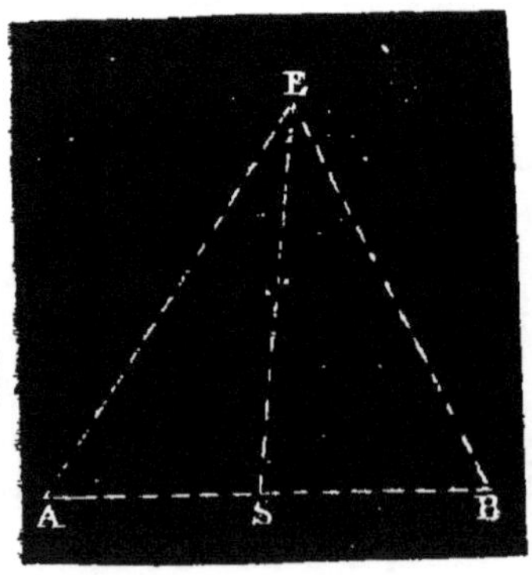

(1) Jusqu'à présent, ces prédictions ne se sont pas
réalisées.

soit suffisamment grande : *si elle est trop petite, l'angle* AEB *sera du même ordre de grandeur que l'erreur commise* sur la mesure des angles A, B, et l'on ne pourra rien conclure de cette mesure.

Quand les stations A, B sont deux points de la surface terrestre, la base AB est toujours trop petite : avec quelque soin que l'on opère, on trouve constamment la somme des angles A, B égale à 180°. Ce résultat équivaut à celui-ci : l'angle sous lequel un observateur placé à la surface d'une étoile, verrait la Terre, est inférieur à 1", et même inférieur à 0",1 (1).

281. Ne pouvant prendre pour stations deux points de la surface du globe, on a essayé si le *diamètre de l'orbite terrestre* serait une base assez grande. A six mois d'intervalle, on mesure les distances angulaires EAS, EBS entre une étoile E et le Soleil S. Le complément de la demi-somme de ces deux angles est, à fort peu près, *l'angle* ESB *sous lequel un observateur, placé à la surface de l'étoile, verrait le rayon de l'orbite terrestre :* ce dernier angle est ce qu'on appelle la *parallaxe annuelle* de l'étoile. Or, les travaux effectués par W. Herschel, J. Herschel, Bessel, Struve, et par d'autres astronomes, permettent d'affirmer que la *parallaxe annuelle d'une étoile quelconque est inférieure à 1".*

282. Prenant ce résultat pour point de départ, et supposant, pour plus de simplicité, le triangle

(1) Les méthodes et les instruments sont tellement perfectionnés, que quelques astronomes croient pouvoir évaluer les angles à *moins d'un dixième de seconde.* Cette *limite des erreurs* est peut-être exagérée.

AEB isocèle, on trouve, en désignant par R le rayon de l'orbite terrestre, et par d la distance d'une étoile à la Terre,

$$d = 206\,265\ R.$$

Ainsi, l'étoile la plus voisine de la Terre en est encore au moins deux cent six mille deux cent soixante-cinq fois aussi loin que le Soleil.

283. Il ne servirait à rien d'exprimer une pareille distance en kilomètres, ou même en rayons terrestres. Pour essayer de nous en faire une idée, cherchons le temps que la lumière emploierait à la parcourir. Or, la lumière du Soleil nous parvient en $8^m\,13^s,3$; par conséquent, l'atome lumineux émané d'une étoile atteindra l'œil de l'observateur au bout d'un temps au moins égal à

$$8^m\,13^s,3 \cdot 206\,265 = 3 \text{ ans } 82 \text{ jours.}$$

Si l'on se rappelle que la distance de la Terre au Soleil est d'environ 153 500 000 kilomètres, et que par conséquent *la lumière parcourt environ trois cent onze mille kilomètres par seconde,* on trouvera bien remarquable le résultat auquel nous venons d'arriver. Mais ce n'est pas tout : en admettant qu'il y ait des étoiles dont la distance au Soleil ou à la Terre soit égale à 206 265 R, il y en a, très probablement, qui sont dix fois, cent fois, mille fois,.... plus loin, et dont, par conséquent, *la lumière nous arrive en trente ans, en trois cents ans, en trois mille ans....!*

Étoiles changeantes ou périodiques.

284. « Il existe des étoiles dont l'éclat change périodiquement. Dans quelques-uns de ces astres singuliers, le passage du maximum au minimum d'intensité, et le retour du minimum au maximum, s'opèrent en peu de temps. Dans d'autres étoiles, au contraire, ces périodes sont assez longues. Dans l'année 1596, David Fabricius aperçut, au *Col de la Baleine*, une étoile de 3e *grandeur*, qui disparut en octobre de la même année. En 1603, Bayer dessina au Col de la Baleine, à la place même où l'étoile de Fabricius s'était évanouie, une étoile de 4e *grandeur*, qu'il appela o. Depuis cette époque, l'astronome français Bouillaud trouva :

» Pour le temps qui s'écoule entre deux éclats ou entre deux disparitions successives de o de la Baleine, 333 jours;

» Pour la durée de la plus grande clarté, environ 15 jours.

» Bouillaud trouva encore :

» Que cette étoile va quelquefois jusqu'à la 2e grandeur, et que souvent elle s'arrête à la troisième ; etc. » (ARAGO, *Annuaire pour* 1842.)

285. Parmi les étoiles à courte période, la plus remarquable est Algol, qui passe de la 2e à la 4e grandeur en *moins de trois jours*. On suppose que les changements d'aspect de cette étoile sont dus à sa révolution autour d'un corps opaque.

On doit citer encore η du Navire Argo, qui varie brusquement de la quatrième à la première grandeur, et dont l'éclat est centuplé en une période assez courte d'années (1).

Étoiles temporaires.

286. Quelques étoiles, après avoir brillé avec un éclat extraordinaire, ont disparu. La plus célèbre est celle de 1572 : Tycho-Brahé, revenant de son observatoire, le 11 novembre au soir, fut surpris de rencontrer un groupe de curieux regardant une étoile qui venait d'*apparaître* dans la région comprise entre Céphée et Cassiopée; Elle était alors aussi brillante que Sirius (2) ; quelques jours après, elle devint visible en plein midi. Son éclat commença à diminuer en décembre, et en mars 1574 elle disparut entièrement.

Étoiles colorées.

287. Les plus anciens observateurs avaient

(1) M. Babinet, à qui nous empruntons cette citation, ajoute : « Si, pour ces étoiles comme pour le Soleil, la chaleur est en proportion de la lumière, que peut-il advenir des planètes qui circulent sous l'empire calorifique de ce soleil bizarre, et que doivent éprouver leurs habitants? »

(2) Voici, à propos de cette dernière étoile, quelques résultats intéressants :

La quantité de lumière envoyée à la Terre par la Lune, lors de son plein, est 27 408 fois celle qui provient de α du Centaure ;

La lumière du Soleil est 801 072 fois plus grande que celle de la Lune ;

Sirius nous envoie 4 fois autant de lumière que α du Centaure : à distance égale, il serait environ 146 fois plus brillant que notre soleil* (J. Herschel).

* Par suite d'une erreur de calcul, M. Herschel trouve, au lieu de ce dernier nombre, 63,02 · la rectification a été faite par M. Babinet. (*Revue des Deux Mondes*, 1er novembre 1853.)

déjà remarqué qu'il existe des étoiles *rougeâtres*. Ptolémée, par exemple, rangeait dans cette catégorie Aldebaran, Pollux, Antarès et l'Epaule d'Orion. Autrefois, Sirius était rouge : aujourd'hui, cette étoile est d'un blanc éclatant. Certaines étoiles sont bleues ou vertes; d'autres sont jaunes.

288. Dans les systèmes connus sous le nom d'*étoiles doubles*, si la petite étoile est très bleue ou très verte, la grande est ordinairement jaune et rouge. Il y a cependant des exceptions: dans μ du Cygne, la grande étoile est *blanche*, la petite est bleuâtre; dans δ du Serpent, les deux étoiles sont bleues.

Étoiles doubles. — Leurs révolutions.

289. Les astronomes appellent *étoiles doubles, triples, quadruples, etc.*, des groupes de deux, trois, quatre étoiles *qui paraissent extrêmement rapprochées les unes des autres*. Très souvent la distance angulaire de deux étoiles est si petite, que les deux astres paraissent confondus, même quand on les regarde avec des lunettes ordinaires, et qu'il faut, pour les *séparer*, avoir recours à des instruments très puissants. Par exemple, l'étoile γ de la *Couronne boréale* est réellement composée de deux étoiles, dont la distance est *inférieure* à 1″. Il en est de même pour ε du Bélier, λ de Cassiopée, etc.

290. Les étoiles *doubles* sont très nombreuses: le catalogue formé par M. Struve en contient plus de *trois mille*. Quant aux étoiles *triples* ou

quadruples, elles sont en petit nombre : le même recueil renferme seulement 52 étoiles triples.

291. Parmi les étoiles doubles, il en est qui, au lieu d'être simplement *juxtaposées*, forment de véritables *systèmes solaires* dans lesquels *la petite étoile tourne autour de la grande* (1). W. Herschel, Savary, Bessel et d'autres astronomes ou géomètres ont été conduits à penser, en étudiant quelques-uns de ces systèmes *binaires*, que, dans chacun d'eux, le mouvement de la petite étoile autour de la grande a lieu conformément aux deux premières lois de Kepler : c'est-à-dire que *les orbites stellaires sont des ellipses dont l'étoile principale occupe un foyer*, et que *les aires décrites sont proportionnelles aux temps*. De là résulte une conséquence bien importante : le *principe de la gravitation*, au lieu de s'appliquer seulement à *notre système solaire*, s'étend jusqu'aux confins de l'espace visible (2)!

Nébuleuses.

292. *Définition et classification.* — Les *nébuleuses* sont des *taches diffuses*, que les astronomes ont découvertes dans toutes les parties du ciel. Depuis les travaux de W. Herschel, on les a partagées en deux classes : les *nébuleuses résolubles* et les *nébuleuses proprement dites*. Les pre-

(1) Plus exactement, chacune des étoiles tourne autour du centre de gravité de leur système.

(2) Suivant M. Yvon Villarceau, cette conclusion (qui est celle de M. J. Herschel) serait *peut-être* prématurée.

mières sont des *amas d'étoiles* tellement rapprochées les unes des autres, qu'il faut recourir, pour les séparer, aux instruments les plus puissants ; les nébuleuses proprement dites seraient, d'après plusieurs astronomes, des *matières phosphorescentes, répandues dans l'univers, et qui, étant condensées, produisent des étoiles* (1). D'autres savants, parmi lesquels on doit citer J. Herschel, sont d'avis qu'il n'y a pas de distinction essentielle entre les deux sortes de nébuleuses, et que, si un grand nombre d'entre elles ne sont pas encore résolues, cela tient à l'imperfection des instruments.

293. *Nombre des nébuleuses.* — La première nébuleuse connue est celle d'*Andromède*. Elle fut observée, en 1612, par Simon Marius. Cet astronome comparait la lumière de cette nébuleuse à *celle d'une chandelle vue à travers une feuille de corne*. Plus tard, en 1656, Huygens aperçut la nébuleuse d'*Orion*. En 1783, on ne connaissait encore que 96 nébuleuses ; W. Herschel porta leur nombre à plus de *deux mille cinq cents*. Aujourd'hui, on en compte jusqu'à *six mille*.

294. *Forme et situation des nébuleuses.* — Ordinairement, les nébuleuses sont *circulaires ;* d'autres fois elles sont *perforées* ou en *anneau*. Il en existe qui, très allongées et très étroites, pourraient être prises pour de simples *lignes lu-*

---

(1) L'illustre Arago, dont l'opinion doit avoir un si grand poids, a été conduit à conclure que *nous assistons à la formation de véritables étoiles. (Notice sur W. Herschel.)*

mineuses, *droites* ou *serpentantes* ; d'autres sont ouvertes *en forme d'éventail*, etc.

Par une sorte de *compensation*, les espaces qui avoisinent les nébuleuses renferment ordinairement peu d'étoiles. Ainsi, une des nébuleuses les plus *riches en étoiles* se trouve sur le bord d'un vaste trou (1) obscur, large de 4 degrés, situé dans la constellation du *Scorpion*.

295. *Nombre des étoiles contenues dans certaines nébuleuses.* — « On s'est assuré, dit M. Arago, qu'une nébuleuse dont le diamètre est d'environ 10 minutes, dont l'étendue superficielle apparente est à peine égale au dixième de celle du disque lunaire, ne renferme pas moins de *vingt mille étoiles !* »

Voie lactée.

296. La *Voie lactée* est une zone lumineuse, blanchâtre et irrégulière, qui divise la sphère céleste en deux parties presque égales. Elle y trace à peu près un grand cercle, après avoir éprouvé une bifurcation aiguë, d'où résulte l'*arc secondaire* qui, après être resté séparé de l'*arc principal* dans l'étendue d'environ 120 degrés, se confond de nouveau avec lui. La largeur de

(1) Un autre espace à peu près *vide d'étoiles* se rencontre près de la *Croix du Sud*. Sa forme est celle d'une poire ; il occupe 8 degrés de long et 5 de large : les astronomes anglais lui ont donné le nom bizarre de *Sac à charbon*. M. de Humboldt pensait que ces espaces obscurs peuvent bien être « de vastes trous par lesquels nos regards plongent dans les parties les plus reculées de l'univers. »

cette zone varie entre 5 et 16 degrés. Ses deux branches embrassent plus de 22 degrés sur la sphère.

297. W. Herschel a reconnu que *la Voie lactée se compose d'une innombrable quantité d'étoiles*, confondues à la vue simple, mais *qui se séparent* quand on les regarde au télescope (1) : cette partie du ciel est donc une nébuleuse résolubles, *très mince, dans laquelle notre soleil est placé.* Ce grand astronome pensait que la voie lactée renferme au moins *cinquante millions* d'étoiles. Ces étoiles, à peu près également espacées entre elles, forment une couche, une *strate*, comprise entre deux surfaces presque planes, parallèles et rapprochées, mais prolongées à d'immenses distances ; la strate, ayant la forme générale d'une meule, est très mince, comparativement aux incalculables distances jusqu'où s'étendent, en tous sens, les deux surfaces planes qui la contiennent, etc.

Univers visible.

298. Si toutes les nébuleuses sont comparables à la Voie lactée pour la *richesse en étoiles* et pour la grandeur, si chacune d'elles renferme *plusieurs millions de soleils*, distribués d'une manière à peu près régulière et tellement éloignés les uns des autres, que la lumière emploie plus de trois ans pour franchir la distance com-

---

(1) Dans l'espace d'un quart d'heure, Herschel a compté jusqu'à **116 000** étoiles traversant le champ de la lunette !

prise entre deux étoiles *voisines* (1) ; l'*univers visible* s'agrandit si prodigieusement, que l'imagination effrayée le confond, pour ainsi dire, avec l'*univers infini*.

(1) Les observations d'Herschel semblent prouver que la Terre occupe à peu près le centre de la Voie lactée, et que les étoiles placées à la circonférence de cette nébuleuse sont, au moins, 500 fois plus éloignées de nous que α du Centaure. D'après cela, la lumière doit employer au moins 3 000 ans pour parcourir un diamètre de notre nébuleuse.

Ce n'est pas tout : si l'on suppose qu'une nébuleuse dont le diamètre apparent soit 10′, ait des dimensions à peu près égales à celles de la Voie lactée, on trouve aisément que la distance de cette nébuleuse à la Terre est environ 334 fois son diamètre. Par conséquent, la lumière emploierait, à nous en arriver, 334 fois 3 000 ans, ou *un peu plus d'un million d'années !*

Ce résultat, qui ne paraît avoir rien d'exagéré, laisse bien loin celui que nous avons donné, sous forme hypothétique, à la page 184.

Paris. — Typ. de Ch. Meyrueis, rue Cujas, 13.

www.ingramcontent.com/pod-product-compliance
Ingram Content Group UK Ltd.
Pitfield, Milton Keynes, MK11 3LW, UK
UKHW021907070726
13613UKWH00001B/373